KBI33967

환경호르몬
어떻게 해결할까?

환경호르몬
어떻게 해결할까?

1판 5쇄 발행 2023년 12월 22일

글쓴이	박태균
펴낸이	이경민
펴낸곳	㈜동아엠앤비
출판등록	2014년 3월 28일(제25100-2014-000025호)
주소	(03972) 서울특별시 마포구 월드컵북로22길 21, 2층
홈페이지	www.dongamnb.com
전화	(편집) 02-392-6901 (마케팅) 02-392-6900
팩스	02-392-6902
전자우편	damnb0401@naver.com
SNS	

ISBN 979-11-6363-059-3 (44400)
    979-11-88704-04-0 (세트)

※ 책 가격은 뒤표지에 있습니다.
※ 잘못된 책은 구입한 곳에서 바꿔 드립니다.
※ 이 책에 실린 사진은 셔터스톡에서 제공받았습니다. 그 밖에 제공처는 별도 표기했습니다.

10대가 꼭 읽어야 할
사회·과학교양 ④

위협받는 우리의 식탁
미세 플라스틱의 습격

박태균 지음

환경호르몬
어떻게 해결할까?

2020 우수환경도서
환경부

동아엠앤비

작가의 말

이제 친환경을 넘어 필(必)환경이란 용어가 새로운 트렌드로 자리 잡아 가고 있다.

그동안은 환경을 생각하는 소비가 '하면 좋은 것' 정도로 여겼으나 앞으론 생존을 위해 '반드시 해야 하는 것'으로 변한다는 것이 필환경이다. 필환경은 지구촌의 안녕뿐 아니라 우리 각자의 건강한 삶을 위해 필수적인 모토가 되고 있다.

환경호르몬은 필환경 시대에 필히 해결해야 할 과제다. 우리가 환경을 오염시킬수록 환경호르몬이 더 많이 발생되기 때문이다. 다행히도 최근 들어 환경을 중시하는 움직임이 일반인·기업·정부 모두에서 활발해지고 있다.

2018년 8월엔 카페 매장 내 일회용 종이컵 사용 규제가 시작됐다. 이후 일회용품 사용 규제가 강화됐다. 음료·패션·뷰티·유통 등 기업도 반(反) 환경호르몬, 친환경 대열에 적극 나서고 있다.

이런 노력은 많은 소비자의 찬사를 받고 있다. 기업의 수익도 돕는다. 요즘은 일반 소비자도 환경 친화적 소비에 관심이 많고, 친환경 소재로 만든 제품을 선호하기 때문이다.

이미 우리 주변 환경엔 오래전부터 환경호르몬을 비롯한 각종 오염물질이 축적 돼왔다. 현 시점에서 환경호르몬을 완전히 피할 순 없는 것이 사실이다. 환경호르몬으로부터 나와 가족, 우리 사회, 더 나아가 지구촌을 보호하려면 작은 일부터 실천해야 한다.

커피 애호가라면 "커피를 일회용 종이컵 대신 개인 컵에 담아 주세요"라고 주문하는 것이 생활 속의 플라스틱 사용을 줄이는 방법이다. 일회용 종이컵은 그냥 종이가 아니라 음료가 스며들지 않도록 특수 코팅 처리한 컵이고, 컵 뚜껑은 진짜 플라스틱이기 때문이다. 이미 출근길에 일회용 종이컵을 들고 거리를 활보하는 것은 패션 아이템이 아니고 멋스럽지도 않게 됐다.

다소 번거롭더라도 텀블러나 개인 컵을 사용하는 것은 플라스틱으로 인한 환경오염을 줄일 수 있는 가장 쉬운 방법 중 하나다. 설거지를 해야 한다는 불편이 있지만 환경호르몬 걱정도 줄일 수 있다.

수고스러워도 온라인 주문 대신 오프라인 마트에 직접 방문하는 것이 플라스틱·스티로폼 박스 등 배달에 사용하는 플라스틱 사용을 줄이는 방법이다. 마트에선 과일·채소를 매대에 쌓아놓거나 플라스틱 봉지에 담아 판매한다. 환경을 생각한다면 미리 준비한 장바구니에 필요한 만큼만 담아가는 것이 좋다.

　　케미포비아(Chemifobia)·노케미(No-chemi)는 화학물질에 대한 일반의 우려를 잘 대변하는 단어다. 케미포비아는 chemical(화학)과 fobia(혐오)를 합성한 신조어다. 2017년 8월 '살충제 달걀' 파동 때 이 단어가 유행했다. 원료가 화학물질인 플라스틱은 케미포비아족과 노케미족이 기피하는 대표적인 제품이다. 특히 환경에 악영향을 미친다는 환경과 건강을 중시하는 현대인에겐 거의 '공공의 적'이 돼 있다.

　　플라스틱이 잘 썩지 않는 등 환경에 부담을 주는 것은 사실이다. 무조건 플라스틱 사용을 줄이는 데만 초점을 맞춰선 환경호르몬에 대한 효과적인 대책이 나올 수 없다. 플라스틱이 곧 환경호르몬은 아니기 때문이다. 환경호르몬과 무관한 플라스틱도 많다.

　　우리가 환경호르몬에 바로 대처하려면 잘못된 정보 등 '가짜

뉴스'에 현혹돼선 안 된다. 환경호르몬에 대한 대중의 오해를 바로
잡고 일상에서 환경호르몬을 줄여나가는 요령을 전하는 것이 이
책을 쓰는 이유다.

환경 호르몬이란 무엇인가?

1장
지금 무슨 일이
일어나고 있는가?

우리는 환경호르몬에 이미 포위돼 있다. 환경호르몬은 어디에나 있다. 그런 만큼 우리 일상과 삶, 건강에도 막대한 영향을 미친다.

환경호르몬 때문에 지난 수십 년 동안 남녀 모두에게 암울한 일이 일어났다. 남성의 경우 정자 수 감소로 인해 남성 요인의 불임 가능성이 높아졌다. 부부가 1년간 정상적인 성생활을 했는데도 임신이 되지 않으면 불임으로 진단된다. 불임은 이미 전 세계적으로 증가하고 있다. 세계보건기구(WHO)에 따르면 전 세계 가임 연령대 부부 중 약 12%가 불임 문제를 겪고 있다. 이 중 절반이 남성이 원인인 불임이다.

남성 불임은 매우 다양한 이유가 있지만 환경호르몬에 지속적으로 노출돼 몸에 환경호르몬이 쌓이면 생길 수 있다. 환경호르

환경호르몬의 배출과 노출

대기 중 배출과
이동, 확산

토양에 잔류

음식물로 섭취

야생동물에서의
물질 축적

생물농축

수계로 배출

몬은 성 기능을 방해하거나 정자 형성을 억제할 수 있다. 여성 불임의 원인도 환경호르몬과 관련될 수 있다. 대개는 내분비계 이상, 나팔관 손상, 자궁근종 등 탓이다.

　지난 40년간 서구 남성의 정자 수가 절반 넘게 감소했다. 미국 마운트시나이 의대와 이스라엘 예루살렘 히브리대학 공동연구팀은 2017년 현재와 같은 정자 수 감소 추세가 이어지면 인류가 멸종될 수도 있을 것이라고 경고했다.

　연구팀은 앞으로 정자 수 감소 속도가 더 빨라질 수 있다고 전망했다. 정자 수 감소 원인이 구체적으로 무엇인지에 대해선 별도로 분석하진 않았다. 이전 연구 결과에선 환경호르몬 노출·환경오염·생활습관·태중 화학물질 노출·흡연·스트레스·비만·지나

친 TV 시청 등이 정자 수 감소와 연관이 있다고 봤다. 이런 연구에 대해 섣부른 일반화를 지양해야 한다는 반론도 제기됐다.

남성의 정자 수가 감소하는 것은 더 큰 위기를 경고하는 '탄광의 카나리아'로 볼 수 있다. 정액의 질이 나쁜 남성은 사망률이 높고 당뇨병·암·심혈관 질환에 걸릴 위험도 높아진다. 남성의 정자 수가 줄어드는 동안 남성호르몬인 테스토스테론의 수치도 급격히 떨어졌다. 항문에서 성기까지 거리, 즉 AGD(anogenital distance)도 짧아졌다.

일반적으로 남성의 항문·성기간 거리는 여성의 2배 정도다. 이 거리는 태생기(엄마 뱃속에 있는 시기)에 디하이드로테스토스테론이란 남성호르몬의 분비량에 의해 결정된다. 남성의 항문·성기간 거리는 사람에 따라 차이가 있다. 태어날 때부터 항문·성기간 거리가 짧은 남아는, 긴 남아에 비해 남성 불임(정액량의 감소, 정자 수의 감소)이 될 가능성이 7배 높다는 연구 결과가 나와 있다. 저(低)남성호르몬혈증·요도하열과 같은 질병도 항문·성기간 거리가 짧은 남성에게 잘 생긴다.

항문·성기간 거리는 유전적 요인보다 환경적 요인에 더 큰 영향을 받는다는 연구 결과도 제시됐다. 환경호르몬이 진짜 호르몬 분비에 이상을 일으켜, 항문·성기간 거리가 짧아지고 이와 관련된 질병도 늘어난다는 것이다.

진짜 호르몬에 영향을 미치는 환경호르몬을 섭취하기 시작하면서 항문·성기간 거리는 물론 성기 길이도 과거보다 짧아지고 있다. 임신 중 소변에서 환경호르몬인 프탈레이트가 많이 검출된 여성이 낳은 남아의 음경 길이와 항문·성기간 거리가 상대적으로 짧은 경우가 훨씬 많았다. 이는 환경호르몬인 프탈레이트가 진짜 호르몬인 테스토스테론 분비를 감소시킨 결과로 추정된다.

연구팀은 환경호르몬 노출이 정자 수와 질을 감소시킨다는 뚜렷한 증거가 있다고 밝혔다. 환경호르몬 폐해가 3대 자손에게 미치는 영향은 매우 심각하며, 인간은 환경호르몬의 나쁜 영향을 대물림해 받는다고 지적했다.

그 근거로 연구팀은 선천성 요도 기형인 요도하열을 갖고 태어나는 신생아가 최근 호주에서 2배 늘어났다는 의학 통계를 내세우고 있다. 요도하열을 가진 선천성 기형아가 그리 길지 않은 기간에 2배로 증가한 것은 유전적 결함이 아니라 환경적 원인 때문이라고 보는 것이 더 합리적인 추론이란 것이다.

2015년 프랑스의 소규모 연구에서도 임신 중 환경호르몬 노출과 요도하열 사이에서 뚜렷한 관련성이 확인됐다. 이탈리아에서도 이와 비슷한 연구 결과가 도출됐다. 요도는 음경의 끝까지 이어지는 것이 정상이다. 요도하열이 있으면 요도가 음낭의 어떤 부위에서 끝나게 된다. 이로 인해 요도하열 환자는 소변을 보는 데 어려움을 느끼는 등 기능 장애를 일으킨다.

연구팀은 남아의 음경 크기나 요도하열 발생에 기여할 수 있는 대표적 환경호르몬으로 플라스틱에 쓰이는 비스페놀 A·프탈레이트, 치약과 화장품에 함유된 파라벤, 제초제에 사용되는 아트라진 등을 꼽았다.

환경호르몬 관련 연구는 지금까지 생식기능, 수컷 동물 혹은 남성에 집중돼 왔다. 환경호르몬은 남성의 삶에만 고통을 주는 것이 아니다. 여성에게도 똑같이 유해하다. 플라스틱에서 나오는 환경호르몬은 여성에게 난임을 유발한다는 사실이 국내 연구진에 의해 밝혀졌다. 동아대병원 산부인과 한명석 교수는 환경호르몬인 비스페놀 A와 자궁내막증 발병의 구체적인 연관 관계를 밝혀냈다. 이 연구 결과는 2018년 8월 '생식 내분비학(Reproductive endocrinology)'에 실렸다.

환경호르몬 비스페놀 A의 화학구조

한 교수는 건강한 여성 5명의 자궁내막 세포를 채취·배양한 뒤 환경호르몬인 비스페놀 A를 투여했다. 고농도와 저농도(일상생활 노출 농도 수준)로 나눠 비스페놀 A를 주입한 결과, 사흘 뒤 고농도는 물론 저농도에서도 자궁내막증 발병과 유사한 현상이 확인됐다. 비스페놀 A에 노출된 정상 자궁내막 세포에선 염증 유발 물질인 '엔에프카파비(NF-Kappa B)'가 증가했다. 환경호르몬이 자궁내막 세포의 이상을 도와 자궁내막증이 발생할 것이란 가설은 그동안 꾸준히 제기돼 왔다.

자궁내막증은 가임기 여성에게 생기는 질환 중 하나다. 자궁내막 세포가 자궁 바깥 난소나 골반강 내부에 달라붙어 염증을 유발하는 병이다. 자궁내막증이 진행되면 나팔관과 난소가 달라붙는 등 골반 장기에 유착이 생긴다. 이 경우 생리통과 골반통이 동반되고 배란 장애로 인한 난임(難姙)을 경험하기 쉽다. 심하면 불임이나 난소암의 원인이 되기도 한다.

미국에선 지난 20년간 25세 미만 여성 불임 인구가 급격히 증가했다. 여성의 전 생애주기에 걸쳐 성조숙증·자궁근종·자궁내막증·다낭성난소·유방암 등 생식건강 관련 질환이 늘어나고 있다. 수명·영양 등 여성의 전반적인 건강 지표가 개선됐지만 생식건강 문제는 여성의 가임력과 삶의 질에 악영향을 미치고 있다.

환경호르몬은 남녀 모두에게 '만병의 근원'으로 통하는 비만의 원인도 될 수 있다. 환경호르몬이 비만을 유발할 수 있다는 주장이 처음 나온 것은 2002년이다. 당시 영국 스털링대학 배일리-해밀턴(Baillie-Hamilton) 교수는 환경오염 물질 농도와 비만 유병률이 함께 증가하는 그래프를 근거로 해 환경에 배출된 화학물질이 비만을 유발할 수 있다는 새로운 가설을 제기했다.

이렇게 비만을 유발하는 화학물을 '오베소겐(Obesogens)'이라고 정의했다. 오베소겐은 비만 유발 환경호르몬이란 의미다. 오베소겐은 지방 세포의 수와 크기를 늘리거나 식욕을 증가시켜 지방 축적을 촉진하거나 신체의 칼로리 소모능력을 낮춘다. 현재 오베소겐으로 의심받고 있는 환경호르몬은 비스페놀 A·DES·프탈레이트

비만의 원인이 되는 환경호르몬

등이다.

비스페놀 A는 환경호르몬이자 오베소젠이다. 미국 국민건강 영양조사를 토대로 한 연구에 따르면, 성인과 아동에서 소변 중 비스페놀 A 농도가 증가할수록 비만과 복부비만 위험이 높았다 (Environmental Research 2011년).

숙명여대 약대 양미희 교수팀이 한국인을 대상으로 비스페놀 A 보유율을 조사한 결과 피험자 소변 중 97.5%의 시료에서 비스페놀 A가 검출됐다(Journal of Environmental Toxicology, 2009년).

환경호르몬인 프탈레이트도 미국 국민건강 영양조사에서 비만과의 관련성이 확인됐다. 20~59세 남성에서 프탈레이트 농도가 높을수록 복부둘레와 체질량지수(BMI)가 증가했다. 사춘기 여성과 20~59세 여성에선 체질량지수가 높을수록 프탈레이트의 일종인 모노에틸 프탈레이트가 더 많이 검출됐다(Environmental Health, 2008년).

어린이에선 프탈레이트와 비만은 뚜렷한 연관성을 보이지 않았다. 고령 여성에선 프탈레이트 농도가 높을수록 오히려 비만율이 낮았다. 이처럼 환경호르몬인 프탈레이트가 비만에 미치는 영향은 연령·성별에 따라 달랐다.

일부 환경호르몬은 세포와 동물실험에서 당뇨병의 '씨앗'인 인슐린 저항성을 높이는 것으로 밝혀졌다. 비만 유발 환경호르몬, 즉 '오베소젠(Obesogens)'과 비슷하게 환경호르몬을 2형(성인형) 당뇨병의 위험인자로 보는 '다이아베토겐(Diabetogens)'이란 신종 용어가 생겼다.

환경호르몬이 당뇨병 위험을 높인다는 가설은 베트남 전쟁에 참전해 다이옥신이 함유된 제초제에 노출된 군인의 20년 후 당뇨병 발생 위험이 1.5배 높았다는 연구 결과를 근거로 하고 있다 (Epidemiology 1997년).

PCB·유기염소계 농약 등을 포함한 19가지 잔류성 유기오염물질(persistent organic pollutants)과 2형 당뇨병과의 연관성을 살핀 연구에선 잔류성 유기오염물질에 가장 적게 노출된 그룹 대비 노출 농도가 증가할수록 당뇨병 발병 위험이 최대 8.8배나 높았다(Diabetes Care, 2011년).

환경호르몬이 비만과 2형 당뇨병의 위험인자라면 환경호르몬이 심장병·뇌졸중 등 혈관질환 위험을 높일 수 있다는 추론이 가능하다. 2008년 발표된 연구 결과에 따르면, 체내 다이옥신(환경호르몬의 일종) 농도가 증가할수록 심근경색 등 허혈성 심장질환에 의한 사망뿐만 아니라 모든 심혈관질환에 의한 사망 위험이 증가했다(Environmental Health Perspectives, 2008년).

건강한 남녀를 10년 추적·관찰한 연구에서도 비스페놀 A 농도가 증가하면 관상동맥질환 위험이 1.13배 상승한 것으로 나타났다(Circulation, 2012년). 환경호르몬과 혈관질환 간의 인과관계에 대해선 아직 학계에서도 의견이 갈려 있다.

환경호르몬은 신체적 질병은 물론 사회성·공격성 등 사람의 행동양식에도 영향을 미친다. 환경호르몬인 비스페놀 A의 노출이 여아의 사회성을 낮출 수 있다는 연구 결과가 이미 나와 있다.

서울대 의대 환경보건센터 홍윤철 센터장과 임연희 교수 연구팀은 2008~2011년 304명의 임산부를 모집한 뒤 이들의 자녀를 4년간 추적·관찰했다. 이 연구 결과는 국제학술지 '국제환경보건학회지(Environmental Health, 2017년12월)'에 소개됐다.

엄마의 임신 중 비스페놀 A 노출량이 2배면 이 엄마가 낳은 여아의 사회적 의사소통 장애가 58.4% 증가했다. 연구팀은 여아의 사회적 의사소통 장애 여부를 아동과 쌍방향 대화가 가능한지, 어색한 시점에 개인적인 질문이나 이야기를 늘어놓는지, 대명사를 혼동하는지 등을 살펴 판정했다.

연구 대상 아동이 모두 의학적으로 자폐 진단을 받지는 않았다. 엄마의 비스페놀 A 노출량이 많으면 여아의 사회성 발달이 지연되는 경향을 보였다. 일부 아동은 자폐 진단 바로 직전 단계에 이르기도 했다.

남아에선 이런 경향이 나타나지 않았다. 연구팀은 비스페놀 A가 체내에서 여성호르몬(에스트로젠)의 분비를 막거나 교란시켜 여아의 사회성을 낮춘 것으로 추정했다. 엄마가 비스페놀 A에 노출됨으로써 태아기부터 영향을 받았을 것이란 설명이다. 이 연구에서 엄마의 비스페놀 A 노출량은 유달리 높은 편도 아니었다.

발명가 에디슨, 수영선수 마이클 펠프스, 마이크로소프트 창업자 빌 게이츠, 영화배우 라이언 고슬링의 공통점은 어린 시절 ADHD(주의력결핍과잉행동장애)를 경험했다는 것이다. 이들은 ADHD

를 적절히 치료해 세계적 인물로 성장했다. ADHD는 아동기에 주로 생기는 질환이다. 주의력이 부족하고 과한 행동을 보인다.

플라스틱 가소제로 사용되는 환경호르몬인 프탈레이트는 ADHD 어린이의 증상 악화에 기여할 수 있다. 아이의 두뇌발달에도 악영향을 미친다는 연구 결과가 나와 있다. 서울대병원 소아정신과 김붕년 교수팀은 국제학술지 '사이콜로지컬 메디신(2014년11월)'에 프탈레이트가 어린이의 ADHD 증상 악화와 관련이 있다고 발표했다. ADHD 어린이 180명(비교군)과 정상 어린이 438명(대조군)을 대상으로 소변검사를 실시한 후, 소변 중 프탈레이트 농도를 비교·분석한 결과다.

2장
호르몬-생명체의 전령

생물학자나 의료인에게 호르몬은 러시아 목각 인형 마트료시카(Matryoshka)와 같은 존재다. 그 신비를 밝히기 위해 한 꺼풀을 벗기면 다시 한 꺼풀이 나오기 때문이다. 사람이 서로 제대로 소통하려면 호르몬부터 이해해야 한다. 친구의 행동과 말이 과거와 달라졌다면 십중팔구는 호르몬의 변화 탓이다. 호르몬을 바로 알면 몸이 건강해지고 건강해지려면 호르몬의 소리에 경청해야 한다.

호르몬도 '황제'호르몬이 있다. 호르몬을 조절하는 최상위 호르몬을 말한다. 호감을 느끼게 하는 도파민, 행복을 전달하는 세로토닌, 쾌감을 주는 엔도르핀, 숙면을 취하게 하는 멜라토닌 등이 여기 속한다. 이들은 다른 호르몬을 조절하는 역할을 하며 신경전달물질로도 작용한다. 이들 최상위 호르몬은 그 밑에 있는 여러 호르몬과 복잡하게 얽혀 있다.

남녀의 행동이나 사고의 차이는 유전자(DNA)나 염색체가 아니라 호르몬이 결정한다. 여자가 되고 싶은 트랜스젠더에게 여성호르몬을 투여하는 것은 그래서다. 남녀의 근본적인 차이를 결정하는 것이 성(性)호르몬이다.

남성호르몬은 40대부터 감소하기 시작한다. 여성호르몬은 폐경을 맞는 50대부터 급감한다. 남성이 여성보다 10년 빨리 여성화되는 것은 이런 이유에서다. 지금 청소년의 부모 나이대인 중년 이상의 남성이 TV 드라마를 보다가 눈물을 흘리는 것도 바로 남성호르몬이 줄어든 탓이다.

여성은 50대 이후 골다공증·심혈관질환·대사증후군 등이 급증한다. 이는 여성호르몬이란 '보호막'이 걷히기 때문이다. 남성호르몬 중 가장 강력한 것이 테스토스테론이라면 안드로겐은 보조역할을 한다. 여성호르몬의 주는 에스트로겐, 보조는 프로게스테론이다. 폐경을 맞은 여성 중 일부에게 갱년기 증상을 완화하기 위해 에스트로겐과 프로게스테론을 투여하는 이른바 호르몬 대체요법을 실시하는 것은 이런 이유에서다.

요즘 여성 사이에서 '대세' 호르몬으로 꼽히는 것이 있다. 갑상선호르몬이다. 갑상선 이상으로 고통을 받는 여성이 크게 늘어났기 때문이다. 갑상선 기능항진증이 있으면 신경이 예민해지고 불안을 느끼게 된다. 갑상선 기능저하증이 있으면 우울감을 자주 호소하고 무기력해진다.

성장호르몬은 청춘 호르몬·회춘 호르몬으로 통한다. 이 호르몬은 모든 세포를 성장시키는 작용을 한다. 성장호르몬을 보충하면 키가 커지고 근육이 생기는 등 일시적으로 삶의 활력이 높아질 수 있다. 그러나 암세포도 성장시킬 수 있다는 것이 성장

키가 작은 청소년에게 하는
성장호르몬 치료

호르몬의 문제다. 키가 작아 고민인 청소년에게 성장호르몬을 투여하는 치료가 이뤄지기도 한다.

숙면에도 호르몬이 작용한다. 송과선에서 분비되는 멜라토닌이 수면 호르몬이다. 멜라토닌은 낮에 햇볕을 쬐야 밤에 잘 분비된다. 따라서 낮에 30분 이상 햇볕을 쬐면 밤에 숙면을 취할 수 있다.

체중 조절을 원하는 학생이라면 그렐린과 렙틴이란 호르몬을 기억할 필요가 있다. 먹어도 뭔가 허전한 느낌이 든다면 식욕을 증가시키는 호르몬인 그렐린의 영향일 수 있다. 식사를 하면 그렐린이 감소하고 렙틴이 증가하는 것이 정상이다.

사랑의 감정에도 호르몬이 작용한다. 인간은 도파민·페닐에틸아민·옥시토신·엔도르핀이란 호르몬이 적절히 조화됐을 때 사랑의 감정을 느낀다. 도파민은 이성을 마비시킨다. 감성적인 호르몬이어서 사랑에 빠지면 도파민 분비가 급증한다. 페닐에틸아민은 사랑이 깊어졌을 때 나온다.

옥시토신은 사랑에 대한 감정을 조절해준다. 연인과 하나가 되는 느낌이 들거나 포옹·키스 등 신체 접촉을 하면 옥시토신이 많이 분비된다. 옥시토신은 엄마가 아기에게 모유를 먹이는 순간에도 분비돼 엄마와 아기의 친밀감을 높여준다. 엔도르핀은 쾌락·오르가슴을 안겨주는 '콩깍지' 호르몬이다. 도파민은 바나나와 콩, 페닐에틸아민은 초콜릿, 옥시토신은 고추에 많이 들어 있다.

사랑이 식는 것도 호르몬 탓이다. 사랑의 호르몬 분비엔 유효기간이 있다. 사랑이 시작된 지 18~30개월이 지나면 호르몬의 영향력이 거의 사라진다. 그러나 지고지순한 사랑은 호르몬의 유효기간을 뛰어넘는 고차원적인 감정이라 훨씬 길게 갈 수 있다.

이처럼 호르몬은 몸은 물론 마음까지도 관장한다. 호르몬 과잉이나 부족은 당뇨병·만성피로증후군·불면증·갑상선질환·갱년기증후군·우울증·불안·고혈압·비만까지도 유발한다.

일반적으로 세월과 함께 분비가 증가하는 호르몬은 코르티솔과 인슐린이다. 이중 코르티솔은 '스트레스 호르몬'으로 통한다. 나이 들수록 분비가 감소하는 것은 성장호르몬과 성호르몬(여성호르몬과 남성호르몬)이다. 나이 든 사람이 병원에 가면 주치의로부터 "부족한 호르몬을 보충해야 한다"는 말을 곧잘 듣게 된다.

성장호르몬은 별명이 '청춘의 샘'이다. 몸 안에서 근육·뼈·성 기능을 강화하고 지방의 축적을 막아주며 질병에 대한 면역력을 높여주기 때문이다. '성장'이란 명칭 때문에 성장기에만 분비되는 호르몬으로 착각하는 사람이 많다. 사실 이 호르몬은 성장이 완성된 이후에도 계속 분비된다. '청춘의 샘'은 20대에 절정을 이룬 뒤 서서히 마르기 시작해 60대가 되면 20대의 절반 수준으로 떨어진다.

이렇게 성장호르몬의 분비가 줄어들면 근력이 떨어지고 근육이 볼품없어지며 지방이 잘 분해되지 않아 뱃살이 두툼해진다. 뼈가 약해져 골절이 되기 쉬워지고 불면증·우울증 등이 생길 가능성도 높아진다.

나이 들어서도 성장호르몬의 분비 감소를 늦추는 최선책은 꾸준한 운동이다. 일부 학자는 우리가 운동을 통해 얻는 이점은 운동에 의해 증가된 성장호르몬 덕분이라고 믿는다. 반대로 스트레스는 성장호르몬의 분비를 줄인다.

정확한 검사를 통해 성장호르몬의 결핍이 확인되면 일정 기간 성장호르몬 주사를 맞는 것이 좋다. 성장호르몬은 적은 양으로도 노화를 지연시키고 성·뇌기능을 높여주며 심장병·뇌졸중 등 혈관질환의 발생 위험을 낮추는 효과가 있다.

보통은 하루 1회 주사해 성장호르몬을 보충한다. 주 1회 주사하는 성장호르몬 보충제도 나와 있다. 성장호르몬 보충 요법의 흔한 부작용은 부종·관절통·근육통이나 손목이 저리는 수근관증후군 등이다. 다행히도 호르몬 투여를 중단하면 대개 수일에서 수 개월 내에 부작용도 함께 사라진다.

남성호르몬 즉 테스토스테론은 남성성을 유지하도록 하는 호르몬이다. 이를테면 '남성성의 상징'이다. 30세 이후부터 매년 1% 씩 서서히 감소한다. 이 호르몬 수치가 기준치 이하로 떨어지면 성욕 감퇴·발기력 저하·복부 비만·근육량 감소·의욕 상실·기억력 저하·우울증 등이 동반된다. 논란의 여지는 있지만 "테스토스테론 부족이 인지기능을 낮춰 알츠하이머형 치매가 더 잘 생길 수 있다"는 연구 결과도 나와 있다.

나이 들어서 부족해진 테스토스테론을 보충해 주는 호르몬제가 다양한 형태(먹는 약·주사약·바르는 약)로 출시돼 있다. 테스토스테론을 보충하면 기력·근력이 좋아지고 성욕이 증가하고 기억력·공간지각력이 개선되는 등 삶의 질이 높아진다.

테스토스테론 보충의 부작용으로 간혹 전립선이 커지거나 전립선암이 악화될 수 있다. 드물게는 여성형 유방·여드름 등이 생길 수 있다. 테스토스테론 보충은 전립선암 환자에겐 절대 금물이다. 전립선질환을 가진 사람은 3개월마다 전립선 검사와 혈액 검사를 받아 전립선에 이상이 없는지, 혈중 테스토스테론 수치는 잘 유지되고 있는지 확인하는 것이 안전하다.

여성호르몬은 '미의 여신'이다. 에스트로겐·프로게스테론 등 여성호르몬은 여성의 아름다움을 높여준다. 여성이 사춘기에 접어들 무렵 여성호르몬이 증가해 폐경(만 50세 전후)을 맞으면 급격히 감소한다.

폐경으로 여성호르몬 분비가 중단되면 얼굴이 확 달아오르는 안면홍조를 비롯해 우울증·불면증·불안감·피로감·골다공증 등을 겪게 된다. 특히 안면홍조는 폐경 여성의 절반이 겪는 것으로 알려져 있다. 질 위축증이 생겨 성욕이 떨어지고 소변을 자주 보게 된다.

여성호르몬을 보충해 주면 이런 폐경 증상이 확실히 완화된다. 문제는 장기 사용 시 유방암과 심혈관질환(나이 많은 폐경 여성)의 발생 위험이 높아질 수 있다는 것이다. 요즘 의료계에선 여성호르몬 보충은 가능한 한 최소 용량을 최단기간 하는 것을 원칙으로 삼고 있다. 에스트로겐 보충제는 두드러기 등 알레르기와 접촉성 피부염(패치제), 체중 증가·메스꺼움·구토감 등 부작용을 유발할 수 있다.

3장
외부 호르몬

대학병원 등 대형 병원에 가면 내분비내과란 진료 과목이 있다. 뒤에 내과란 단어가 들어가므로 내과에 속한다는 것쯤은 누구나 짐작할 수 있다. 내분비내과 의사는 주로 호르몬 이상으로 인한 질병을 다룬다. 인슐린이란 혈당 강하 호르몬 분비에 이상이 생긴 것이 원인인 당뇨병에 걸리면 내분비내과를 방문해야 한다.

내분비계는 호르몬계라고도 한다. 생체의 항상성·생식·발생·행동 등에 관여하는 각종 호르몬을 생산, 방출하는 기관으로서 선(gland)·호르몬(hormone)·표적세포(target cell) 등 세 파트로 나뉜다.

호르몬은 내분비선(內分泌線)에서 생산·방출된 화학적 신호다. 호르몬은 혈액과 함께 체내를 돌아다니면서 신체 기능 조절에 필수적인 정보와 신호를 표적 세포·조직에 전달한다.

호르몬은 정상적인 신체 기능을 유지하기 위한 다양한 역할을 수행하고 있다. 많은 호르몬 중 어느 하나라도 이상이 생기면 신체 기능에 장애를 가져오며, 심할 경우 사망에까지 이르게 된다.

환경호르몬은 우리 몸속에서 분비되는 호르몬이 아니지만 호르몬이란 용어를 공유한다. 환경호르몬이란 용어만 놓고 보면 환경보전을 돕는 물질이란 뜻인지, 환경오염물질 중에서 인체의 호르몬 기능에 악영향을 미치는 물질을 의미하는지 애매하다. 전자의 의미라면 매우 긍정적인데 후자라면 대단히 부정적이다.

호르몬 기능에 저해를 초래하는 부정적인 의

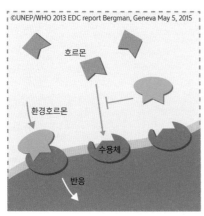

©UNEP/WHO 2013 EDC report Bergman, Geneva May 5, 2015

호르몬

환경호르몬

수용체

반응

호르몬과 환경호르몬에 대한 신체 반응

미의 환경오염물질이 바로 환경호르몬이다. 우리가 이 책을 통해 가장 많이 접하게 될 환경호르몬의 공식 명칭은 내분비계 장애물질(endocrine disruptor)이다. 정상적인 호르몬 기능에 영향을 미치는 합성 혹은 자연 상태의 화학물질이 바로 환경호르몬이다.

환경호르몬에 대한 과학적인 정의는 학자·기관에 따라 그 표현에 다소간 차이가 있다. 미국 환경청(US EPA)은 "체내의 항상성 유지와 발생과정을 조절하는 생체 내 호르몬의 생산·분비·이동·대사·결합·배설을 간섭하는 외인성 물질"로 정의했다. 경제협력개발기구(OECD)는 1996년 전문가 워크숍에서 "생물체와 그 자손에게 악영향을 미쳐 그 결과 내분비계의 작용을 변화시킬 수 있는 외인성 화학물질"로 규정했다.

환경호르몬이란 명칭은 1997년 5월 일본 NHK의 '사이언스 아이'란 프로그램에서 내분비계 장애물질이란 용어를 일반인이 이해하기 쉽게 부를 수 있도록 하기 위해 처음 사용됐다. 실제 호르몬은 아니면서 마치 호르몬처럼 작용한다고 하여 '환경호르몬'이다. 인간이 만든 각종 화학물질 등 환경오염물질에 의해 생겨난 짝퉁 호르몬인 셈이다.

사람에겐 약 50가지 호르몬이 존재하는 것으로 알려져 있다. 진짜 호르몬의 작용 단계 중 어느 단계에서라도 환경호르몬이 영향을 미친다면 진짜 호르몬의 작용은 전반적으로 영향을 받을 수밖에 없게 된다.

환경호르몬은 생체 내 진짜 호르몬(여성호르몬·남성호르몬·성장호르몬 등)과는 달리 쉽게 분해되지 않고 체내에 쌓여 이상을 일으킨다. 호르몬 모방(mimic), 호르몬 차단(blocking), 호르몬 촉발(triggering) 등 세 가지 작용을 통해서다.

환경호르몬은 실제 호르몬을 흉내 내어(호르몬 모방) 실제 호르몬과 같은 세포 반응을 유도한다. 이 세포 반응의 강도는 실제 호르몬의 반응 강도보다 훨씬 약한 경우가 대부분이지만 오히려 더 강한 경우도 있다.

예를 들면 대부분의 식물성 에스트로겐과 화학적 환경호르몬은 신체에서 자연스럽게 분비되는 에스트로겐 호르몬보다 훨씬 약한 세포 반응을 유발하지만 합성 호르몬인 DES는 자연 에스트로겐보다 훨씬 강력한 세포 반응을 일으킨다.

환경호르몬 자체는 호르몬 작용을 하지 못하지만 실제 호르몬과 결합할 수용체를 막아버림으로써 실제 호르몬 기능을 마비시킬 수 있다. 이것이 호르몬 차단이다. 그 결과 신체 기능 유지에 필요한 실제 호르몬 작용이 차단됨으로써 피해를 주게 된다.

호르몬 촉발은 환경호르몬이 내분비계와 무관한 단백질 수용체와 결합해 비정상적인 일련의 연쇄적 세포 반응에 방아쇠를 당긴다는 뜻이다. 비정상적인 세포 반응으로 인해 예정되지 않은 세포분열을 유발하고 이는 암 발생, 세포 변화 등을 일으킬 수 있다. 이런 물질로는 다이옥신이나 그 유사물질이 있다. 다이옥신은 그 자신이 마치 신종 호르몬처럼 작용해 아릴하이드로카본(Ah) 수용체와 결합함으로써 암이나 기형 등 완전히 새로운 일련의 세포 반

주요 환경호르몬과 발생원	
물질명	**발생원**
다이옥신	쓰레기 소각과정, 염소 표백&살균과정, 월남전 고엽제 성분
폴리카보네이트	플라스틱 식기
프탈레이트	인공피혁, 화장품, 향수, 헤어스프레이, 식품 포장재, 폴리염화비닐
DDT	농약, 합성 살충제
알킬페놀	합성세제, 샴푸, 형광포백제, 주방용 세제류
비스페놀 A	합성수지 원료, 식품과 음료 캔의 내부 코팅

응을 일으킨다.

환경호르몬이 실제 호르몬의 수용체와 결합하지 않고 간접적으로 실제 호르몬의 합성·저장·배출·분비·이동·배설 등을 증가 또는 감소시켜 정상적 내분비 기능을 방해하기도 한다. 납·수은 등 중금속이 성장호르몬이나 갑상선호르몬의 정상적 기능을 방해함으로써 발육과 지능 발달을 저해하는 것이 좋은 예다.

카드뮴 등 유해 화학물질은 존재 유무가 아니라 얼마나 들어 있느냐가 중요하다. '독성학의 아버지'로 불리는 스위스의 의사 필리푸스 파라셀수스는 이미 500여 년 전에 '양은 곧 독(Dose is poison)'이라고 했다. 세상에 독이 없는 것은 없으며 얼마나 많이 먹느냐가 관건이란 것이다. 일반적인 유해 화학물질은 양이 늘수록 독성이 함께 커진다. 중금속 등 환경오염물질은 많은 양이 오랜 시간에 걸쳐 몸에 쌓였을 때 건강 이상 등 독성을 일으킨다. 유해물질의 양과 비례해 선형(線型)의 독성 반응이 일어나는 것이다. 당연히 전통적인 독성학에선 유해물질의 양이 많을수록 더 해롭다. 가습기 살균제 사고가 바로 독성 영역에서 발생한 비극이었다.

이와는 달리 환경호르몬은 용량이 높을수록 반드시 더 해로워지는 것이 아니다. 우리가 음식·공기·물·일상생활용품 등을 통해 매일같이 노출되는 낮은 농도의 환경호르몬이 오히려 높은 농도보다 더 해로울 수 있다. 이를 학술용어로 '비선형적 용량-반응 관계'라 한다. 이는 환경호르몬이 매우 낮은 노출량으로도 진짜 호르몬의 혼란을 유발할 수 있음을 뜻한다.

환경호르몬은 사람을 죽일 만한 강한 독성은 없다. 환경호르몬의 낮은 농도에 노출되는 것만으로도 심각한 피해를 입을 순 있다. 양과 독성 크기의 불일치는 독성학자가 환경호르몬을 두려워하는 이유다. 환경호르몬이 낮은 농도(양)에서 어떤 유해성을 보일지 연구가 부족해 예측이 힘들다.

인체에서 진짜 호르몬이 효율적인 것은 적은 양의 호르몬 변화로도 신체의 전반적인 대사에 영향을 미칠 수 있기 때문이다. 진짜 호르몬은 자신의 역할을 마치면 곧장 분해된다. 다음 변화에 빠르게 반응하기 위해서다. 환경호르몬이 신체 전반에 영향을 미치는 것은 진짜 호르몬과 다를 바 없지만 체내에서 금방 분해되거나 배출되지 않고 오래 머문다. 낮은 농도의 환경호르몬이라도 오랜 기간에 걸쳐 쌓인 뒤 인체에 악영향을 줄 수 있다. 특히 성장하는 아이나 태아에겐 영구적인 피해를 입힐 수 있다.

환경호르몬의 악영향은 후성 유전(epigenetic inheritance)을 통해 여러 세대를 거치면서 더 커질 수 있다. 일반적으로 획득된 형질, 예를 들면 비만으로 인해 감소한 정자 수는 아버지로부터 아들에게로 전해지지 않는다. 그러나 프탈레이트와 비스페놀 A를 포함한 환경호르몬은 기본 유전자 코드를 변경하지 않고 유전자가 발현되는 방식을 바꿀 수 있다. 이로 인한 변화는 고스란히 대물림하게 된다. 아버지는 자신의 적은 정자 수를 자녀에게 물려주고, 살면서 환경호르몬에 노출된 자녀의 정자 수는 더욱 줄어든다.

4장
생태계 파괴

1996년 3월 《도둑맞은 미래(Our Stollen Future 테오 콜본 등 3인 저자)》의 출간은 환경호르몬이 세계적으로 주목을 받게 하는 데 크게 기여했다. 이 책은 우리 주변에서 우리의 삶을 위협하는 환경호르몬의 실상을 낱낱이 밝히고 있다. 특히 환경호르몬에 노출된 동물의 암수가 뒤바뀌는 현상이나 생식불능 등 환경호르몬이 인류의 미래를 위협하고 있다고 경고한다.

1980년 미국 플로리다 주에서 목격된 아포프카(Apopka)호의 악어 생태계 변화는 환경호르몬이 생물에 미치는 영향을 여실히 보여준다. 당시 연구팀은 사육된 악어가 많이 살고 있는 호수에서 알을 찾았는데 알이 예상보다 매우 적었다. 발견된 알의 부화율은 18%에 불과했다. 부화된 새끼 악어 중 절반이 10일 이내에 죽었다. 수컷 악어의 암컷화도 두드러졌다. 수컷 성기 크기가 정상에 비해 1/2~1/3 정도로 왜소화된 악어도 관찰됐다.

원인 분석 결과 악어 농장 인근 화학회사에서 사고로 유출된 DDT·디코폴(dicofol) 등 농약에 호수가 오염된 탓으로 확인됐다. 농약에 노출된 악어는 남성호르몬인 테스토스테론을 거의 생산하지 못했다. 여성호르몬인 에스트로겐 수치는 오히려 정상보다 몇 배 높았다.

환경호르몬이 야생동물에 미친 해(害)나 독성을 보여주는 예는 한둘이 아니다. 환경호르몬은 주로 야생동물의 개체 수 감소와 성(性)의 혼란 등을 일으켰다. 야생동물의 생존에 심각한 악영향을 미치고 있는 셈이다. 환경호르몬의 해악 때문에 고통을 받고 있는 것으로 여겨지는 야생동물은 파충류·어류·조류·포유류 등 매우 광범위하다.

환경호르몬이 조류에 미치는 영향을 밝힌 대표적인 연구는 수컷 갈매기의 암컷화와 성비(性比) 변동에 따른 수컷 사망률의 변화다. 이런 현상은 유기염소계 농약이자 환경호르몬인 DDT 등의 축적이 원인으로 밝혀졌다.

갈매기에선 환경호르몬에 의한 '슈퍼 노멀(super normal)'이라고 불리는 다(多)산란현상을 비롯해 암컷끼리 둥지를 트는 풍경이 목격되기도 했다. DDT와 DDE(DDT의 대사산물)에 심하게 노출된 독수리에선 알의 부화 장애가 나타났다. 다이옥신이나 PCB에 노출된 제비갈매기의 알도 부화 장애를 겪었다.

1980년대 후반 영국 각지에서 암수 구분이 어려운 물고기가

다수 발견됐다. 원인 조사과정에서 합성세제와 유화제 성분인 비
(非)이온성 계면활성제의 분해물인 알킬페놀이 다량 검출됐다. 그
후 무지개송어를 키우는 수조에 이 알킬페놀을 투여한 결과, 수컷
의 정소 발달이 방해받는다는 사실이 실험적으로 규명됐다. 이후
알킬페놀은 환경호르몬 의심 물질로 분류됐다.

포유류에서도 환경호르몬의 해악이 나타나고 있다. 포유류의
내분비계(호르몬)에 영향을 미치는 물질은 같은 포유류에 속하는
인간에게 바로 영향을 줄 수 있다는 점에서 더 심각하게 받아들
여진다.

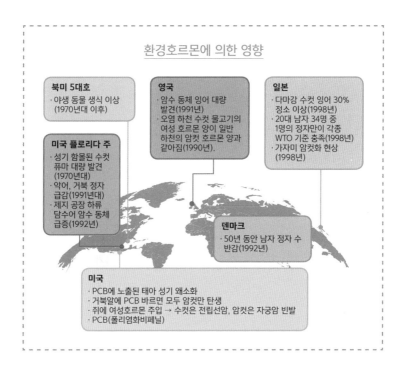

환경호르몬에 의한 영향

북미 5대호
· 야생 동물 생식 이상
 (1970년대 이후)

영국
· 암수 동체 잉어 대량
 발견(1991년)
· 오염 하천 수컷 물고기의
 여성 호르몬 양이 일반
 하천의 암컷 호르몬 양과
 같아짐(1990년).

일본
· 다마강 수컷 잉어 30%
 정소 이상(1998년)
· 20대 남자 34명 중
 1명의 정자만이 각종
 WTO 기준 충족(1998년)
· 가자미 암컷화 현상
 (1998년)

미국 플로리다 주
· 성기 함몰된 수컷
 퓨마 대량 발견
 (1970년대)
· 악어, 거북 정자
 급감(1991년대)
· 제지 공장 하류
 담수어 암수 동체
 급증(1992년)

덴마크
· 50년 동안 남자 정자 수
 반감(1992년)

미국
· PCB에 노출된 태아 성기 왜소화
· 거북알에 PCB 바르면 모두 암컷만 탄생
· 쥐에 여성호르몬 주입 → 수컷은 전립선암, 암컷은 자궁암 빈발
· PCB(폴리염화비페닐)

환경호르몬의 생태계 파괴 대표 사례

파충류와 양서류

- 1980년 미국 플로리다 주 아포프카호수의 디코폴·DDT(농약) 오염 : 악어 수 반감, 수컷 악어의 암컷화, 수컷 성기 왜소화
- PCB 노출 : 거북알의 부화율 감소, 성비 불균형(암컷이 많음)
- 다이옥신·중금속 오염 : 양서류의 부화율 감소, 기형 증가

어류

- 1980년대 후반 영국, 합성세제와 유화제의 성분인 비이온성계면활성제 분해물(알킬페놀)에 의한 하천 오염 : 수컷 생식능력 저하, 수컷의 암컷화, 정소 위축, 암컷의 간에서만 만들어지는 난황 단백질이 수컷에서 생산
- 미국 오대호에 서식하는 2~4년생 연어에서 갑상선비대증 증가
- 일본 도쿄 주변 다마강과 쓰미다강 알킬페놀 오염(1996~1997년) : 수컷 잉어 비율 뚜렷한 감소
- 펄프공장 하류(다이옥신 방출) : 농어류에서 성숙 지연, 생식기의 퇴행성 위축, 성징 결여 등

조류

- PCB, DDT/DDE, 다이옥신류, 살충제(케폰) 오염 : 갈매기, 가마우지, 왜가리, 물수리, 펠리컨, 매, 독수리 등에서 생식능력과 성적 습성의 변화(암컷끼리 둥지 틀기), 수컷에서 난관 발달, 알의 부화 장애, 면역능력 감소, 갑상선 비대, 부리의 기형, 배란과 산란 장애 등

포유류

- 발트해 연안의 PCB 오염 : 바다표범 생식선의 스테로이드 합성 장애, 갑상선 기능 저하
- 미국 플로리다의 DDE·PCB 오염 : 아메리카표범 수컷에서 암컷 호르몬인 에스트로겐이 정상에 비해 수배 이상 높게 검출, 발육과 생식기 이상

발트해 연안의 바다표범을 조사한 연구팀은 바다표범의 체내에 유입된 PCB(환경호르몬 의심 물질)가 바다표범 생식선의 스테로이드 합성에 장애를 줄 뿐 아니라 갑상선 기능 저하를 일으킨다고 발표해 전 세계에 충격을 던졌다.

미국 플로리다 주에 서식하는 아메리카표범 수컷의 혈액을 채취해 검사한 연구에선 암컷 호르몬인 에스트로겐이 정상보다 수배 이상 높게 검출됐다. 표범의 발육과 생식기 이상도 함께 관찰됐다. 그 후 DDE나 PCB가 표범의 사료에 오염된 탓이란 역학조사 결과가 발표됐다.

야생동물이 받은 피해와 실제 환경호르몬 의심 물질 노출량과의 상관관계 등을 확실히 밝힌 연구는 찾기 힘들다. 환경호르몬 의심 물질과 실제 야생에서 나타나는 양상에 대한 정확한 인과관계 규명은 힘든 상태라고 볼 수 있다.

하지만 세계야생기금(WWF)이 야생동물의 생태를 조사한 결과 성기 이상이나 생식불능 개체 수가 급증한 사실이 알려졌다. 미국·캐나다의 오대호 주변의 조류는 알껍데기가 얇아졌다. 영국의 하천에선 환경호르몬인 합성세제 때문에 암수동체(암컷과 수컷이 한 몸에 존재)가 된 잉어가 발견됐다.

환경호르몬은 동물의 생식에 특히 큰 영향을 미친다. 환경호르몬에 노출된 야생동물에서 수컷의 암컷화, 암컷의 수컷화, 자웅동체화가 널리 보고됐다. 1960년대 디에틸스틸베스톨이란 약물에 노출된 인간 태아의 경우, 사춘기에 질암이 생겼고 생식이 불가능했다.

상수도에도 소량 존재하는 비스페놀 A란 환경호르몬이 어류의 생식기능을 교란한다는 사실이 영국에서 연구를 통해 밝혀졌다.

생식세포는 생체 내의 모든 세포 중에서도 변화와 돌연변이에 민감한 세포다. 생식세포의 기초적인 형성이 태아 때 이뤄지기 때문에 호르몬과 밀접한 연관이 있을 것으로 여겨진다. 생식세포가 환경호르몬에 민감하게 반응하는 것은 그래서다. 문제는 생식기능에 문제가 생기면 종족 번식이 불가능해져 인류 생존의 위기가 올지도 모른다는 점이다.

5장
에스트로겐의 모든 것

《화성에서 온 남자, 금성에서 온 여자》를 쓴 미국의 소설가 존 그레이는 신작《화성 남자와 금성 여자를 넘어서》에서 남성과 여성은 어차피 다른 별에서 온 다른 종족이란 기존 입장을 고수했다. 남성은 남성호르몬인 테스토스테론이 여성보다 10배나 더 많고, 여성은 여성호르몬인 에스트로겐이 남성보다 10배 이상 많아서 전혀 다른 행동을 보인다는 것이다.

여성호르몬은 난소에서 분비되는 난포호르몬인 프로게스테론과 에스트로겐을 지칭한다. 이 호르몬은 황체형성호르몬과 난포

자극호르몬에 의해 생성된다. 난포를 성숙시키고 황체호르몬 생산에도 관여한다.

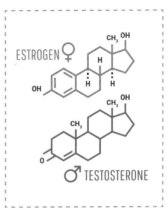

여성호르몬의 대표 격인 에스트로겐은 여성의 난소 안에 있는 여포와 황체에서 분비된다. 태반에서도 나온다. 여성이 사춘기 이후가 되면 많이 분비된다. 에스트로겐 분비로 인해

여성호르몬 에스트로겐과 남성호르몬 테스토스테론의 화학기호

2차 성징이 나타나며, 여성의 몸매 형성에도 도움을 준다. 생식주기에 영향을 주기 때문에 호르몬 주사나 여성 호르몬 요법으로도 사용하고 있다. 피임약에도 에스트로겐이 들어 있다. 프로게스테론은 임신 중인 여성의 태반에서 분비된다. 난소의 황체에서도 나온다. 자궁벽을 변화시키며 임신하면 분만 때까지 임신을 유지시키는 역할을 한다. 프로게스테론은 체온 상승과 혈당 조절, 체지방 감소 등에도 영향을 미친다.

폐경 등으로 여성호르몬이 감소하면 에스트로겐을 분비하도록 자극하는 시상하부가 흥분한다. 이로 인해 혈관이 수축과 이완을 반복함으로써 체온 조절능력을 상실하게 된다. 폐경을 맞은 갱년기 여성에게 얼굴이 수시로 벌겋게 달아오르는 안면홍조, 열을 식히기 위한 진땀이 밤낮을 가리지 않고 나타나게 되는 것은 그래서다.

에스트로겐은 기억력·감정 변화·감각과 통증 조절 등 뇌 건강 전반에 유익한 역할을 한다. 감정 조절 호르몬인 세로토닌의 분비를 도와 기분을 안정시키고 통증에 대한 민감도를 떨어뜨린다. 에스트로겐의 분비가 줄면 우울감·신경과민 같은 증상이 나타나는 것은 그래서다.

에스트로겐은 기억력과 관련된 뇌의 해마 부위 신경전달물질을 활성화시키는 데도 유익하다. 에스트로겐 감소는 감정적 변화와 더불어 기억력 감퇴에서 치매로 이어지는 과정에 악영향을 준다.

에스트로겐은 피부 진피층의 탄력을 높여주는 단백질 콜라겐 생성과 피부의 수분을 증가시키는 히알우론산의 생성을 촉진시켜 탄력 있고 촉촉한 피부를 유지하도록 돕는다. 에스트로겐이 감소하는 폐경 후 첫 5년 동안 피부에 존재하는 콜라겐의 30%가 사라진다. 이로 인해 피부의 탄력성이 떨어지고 주름과 같은 노화 현상이 눈에 띄게 나타난다.

에스트로겐 부족은 질과 방광의 위축성 증상에도 관여한다. 에스트로겐 분비가 줄면 질 위축, 수분 감소로 인한 건조, 산성도 유지가 깨지면서 질염 등이 증가하게 된다.

에스트로겐은 방광과 요도의 세포 수를 증가시켜 점막의 혈류량을 늘리고, 콜라겐 생성을 도와 요도와 방광을 탄력 있게 유지시킨다. 에스트로겐이 감소하면 방광은 작아지고 요도는 짧아지면서 요실금 발생의 직접적인 요인이 된다. 여성 노인에게 요실금이 잦은 것은 이런 이유에서다.

에스트로겐 감소로 인한
골다공증 위험 증가

에스트로겐은 혈중 칼슘을 뼈로 가져가 뼈를 조합하는 역할을 한다. 에스트로겐이 풍부할 때는 뼈를 파괴하는 파골세포와 뼈를 생성하는 조골세포의 균형이 잘 이뤄져 뼈가 튼튼하게 유지된다. 하지만 에스트로겐이 감소하면 파골세포에 의한 골파괴가 조골세포에 의한 골생성보다 증가돼 많은 양의 칼슘이 혈중으로 흘러나와 골다공증을 일으키기 쉽다. 여성은 폐경을 기점으로 골밀도가 급속도로 감소하는 양상을 보인다. 골다공증이 생기면 골절 위험뿐 아니라 허리 통증과 신장 감소, 등이 휘는 등 신체적인 변형과 더불어 폐 건강에까지 악영향을 미치게 된다.

에스트로겐은 지방 분포도에 영향을 주어 복부와 내장지방을 쌓이지 않게 한다. 에스트로겐이 감소하면 적게는 5kg에서 많게는 10kg 이상 체중이 늘어난다. 특히 복부와 내장지방이 쌓여 혈관 건강에도 나쁜 영향을 미친다.

난소에서 분비되는 에스트로겐은 그 자체가 항산화 성분이다.

활성산소를 없애 혈관 내벽을 보호하고 콜레스테롤 수치를 적절하게 조절하는 역할을 한다.

혈관의 활성산소를 제거하는 에스트로겐이 감소하면 혈관의 노화가 빠르게 진행된다. 말초순환장애에 의해 손발이 자주 저리거나 뇌혈관질환·심혈관 건강이 남성보다 나빠지는 것도 에스트로겐의 보호 효과가 사라진 것이 원인이라고 볼 수 있다. 폐경 전후 여성이라면 안전하고 효과적인 항산화 식물성 에스트로겐 보충 요법이 필요하다.

월경전증후군(PMS)도 에스트로겐 분비와 관련이 있는 질환 중하나다. 월경전증후군을 호소하는 여성을 검사하면 혈중 에스트로겐 수치 상승, 프로게스테론(황체호르몬) 수치 저하가 흔히 나타난다. 이는 에스트로겐·프로게스테론 등 두 호르몬이 증상 발생에 상당한 영향을 미치고 있다는 것을 시사한다.

월경전증후군은 보통 생리 7~10일 전에 시작됐다가 생리 직전 또는 시작과 동시에 사라진다. 대개 피로감·유방 통증·집중력 저하·초조감·두통·복통·어지러움·짜증·부종 같은 증상이 동반된다. 심한 경우 병적 도벽을 느끼거나 자살 충동까지 부른다.

월경전증후군 여성에게 추천되는 네 가지 허브인 당귀(angelica)·감초 뿌리·승마(black cohosh)·체이스트베리(chasteberry)는 모두 식물성 에스트로겐(phytoestrogen)을 함유한다. 식물성 에스트로겐은 에스트로겐이 아닌데 마치 에스트로겐처럼 작용하는 식물 성분을 가리킨다. 식물성 에스트로겐은 기껏해야 진짜 에스트로겐의

약 2%밖에 효과를 내지 못한
다.

식물성 에스트로겐이 풍부한 콩

고대인도 의학인 아유
르베다 의학에선 월경전증
후군 여성에게 콩을 권한다. 콩엔
아이소플라본이란 식물성 에스트로겐이 풍부한데 고대인도인
이 이를 경험으로 알아챈 셈이다. 월경전증후군 여성은 물론 폐경
등 갱년기증후군에 시달리는 여성에게도 두부·두유·된장국·청
국장 등 콩 음식이 추천된다. 월경전증후군은 에스트로겐의 과다,
갱년기증후군은 에스트로겐의 과소가 문제인데 신통하게도 콩은
두 증후군 모두에 효과적이다.

승마(black cohosh)는 아메리카 인디언이 폐경 증상 완화 치료에
사용했던 약용 허브다. 안면홍조·질 건조 등 여성 갱년기 증상을
치유하는 데 효과적인 것으로 알려져 있다. 여성의 성적 자극을
높여주기 위한 용도로도 처방된다.

감초는 동서양에서 수천 년 전부터 사용해온 약초다. 한방에
선 거의 빠지지 않고 들어가는 약재여서 '약방에 감초'라는 말도
있다. 감초는 에스트로겐 수치를 낮추고 프로게스테론 수치를 높
인다는 점에서 월경전증후군 치료에 유용할 것으로 기대된다. 그
러나 감초는 고혈압·신부전 환자나 강심제인 디기탈리스를 복용
중인 환자에겐 금기 허브다.

체이스트베리는 딸기·크랜베리·블루베리 등 'berry'류의 일

종으로 주로 지중해 주변에 자생한다. 독일 의사는 월경전증후군 치료에 가장 효과적인 과일로 추천한다. 과일명에 '순결한'·'순수한'을 뜻하는 'chaste'가 들어간 데서 짐작할 수 있듯이 체이스트베리는 여성의 성욕을 억제하는 효과가 있다. 체이스트베리는 프로게스테론의 혈중 농도를 높여 월경전증후군을 완화하는 것으로 추정된다. 생리가 끊긴 무월경 여성에게도 추천된다. 프로락틴 (젖분비 자극호르몬)의 과다 분비가 무월경의 가장 흔한 원인 중 하나여서다.

당귀는 동양에서 여성을 위한 최고의 약재로 간주된다. '자궁강장약'으로 평가해서다. 생리전증후군은 물론 월경불순·생리통·무월경·자궁 출혈·갱년기(폐경) 증후군 등 다양한 여성 질환에 두루 처방한다. 건강한 임신과 분만을 돕는 용도로도 사용한다.

월경전증후군을 완화하려면 식단을 채식 위주로 바꿔야 한다. 채식을 주로 하는 여성은 육류를 즐기는 여성보다 분변을 통해 에스트로겐이 2~3배나 많이 배출된다. 채식을 주로 한 여성의 혈중 에스트로겐 농도가 육식파 여성에 비해 50% 가량 낮았다는 조사 결과도 시사하는 바가 크다.

채식을 주로 하는 여성은 육류를 즐기는 여성보다
분변을 통해 에스트로겐이 2~3배나 많이 배출된다.

폐경을 맞아 에스트로겐 분비가 거의 끊기면서 엄청난 정신적·신체적 변화의 소용돌이에 휩싸이게 된다. 과거엔 여성 갱년기 증상을 호르몬 대체요법(에스트로겐과 프로게스테론)으로 어느 정도 조절할 수 있었다. 프로게스테론 없이 에스트로겐만 단독 투여하면 자궁내막이 과다 증식해 자궁내막암이 생길 위험이 커지고 에스트로겐과 프로게스테론을 함께 투여하면 유방암 발생 위험이 높아진다는 연구 결과가 발표되면서 큰 혼란에 빠졌다. 호르몬 대체요법의 득과 실에 대해선 아직도 논란이 가라앉지 않고 있으며 전문가 사이에서도 의견이 완전히 갈린다.

동양 여성이 주로 섭취하는 식물성 에스트로겐은 아이소플라본이다. 아이소플라본이 가장 풍부하게 든 식품은 콩(1컵에 300㎎)이다. 얼굴이 갑자기 달아오르고 질이 건조해지는 갱년기 증상을 덜어주는 것이 아이소플라본의 효능이다. 자연의학자는 갱년기 여성에게 안면홍조·위축성 질염의 완화, 유방암 예방을 위해 콩 섭취를 늘리라고 권장한다.

약 1,000명의 일본 여성(35~54세)을 대상으로 6년간 조사한 결과에 따르면 콩류의 섭취량이 많을수록 안면홍조가 적었다. 일반적으로 한국·일본·중국 등 동양 여성은 서양 여성에 비해 갱년기 증상을 가볍게 경험한다. 콩(식물성 에스트로겐)을 많이 섭취한 덕분이라는 것이 많은 서양 의학자의 해석이다.

콩은 가공·조리해도 아이소플라본의 손실량이 적다. 두부·두유·된장국·청국장 등을 갱년기 여성에게 권하는 것은 그래서다.

콩 외에 아이소플라본이 많이 든 식품은 땅콩·알팔파·이집트콩 등이다. 아이소플라본은 활성산소를 없애는 항산화 성분이기도 하다. 아이소플라본이 유방암·전립선암 예방을 돕는다는 연구 결과도 나왔다.

서양 여성이 주로 섭취하는 식물성 에스트로겐은 리그난이다. 리그난은 아마씨·아미씨유 등에 풍부하다. 갱년기 증상 개선 효과는 아이소플라본에 비해 떨어진다는 것이 일반적인 평가다.

갱년기 여성의 생명을 크게 위협하는 질병은 심장병이다. 폐경 이후엔 심장마비 발생 위험이 그 이전보다 10배나 높아진다. 심장병을 예방하는 에스트로겐의 분비가 거의 끊긴 탓이다. 갱년기 여성이 심장병·뇌졸중 등 혈관 질환에 걸리지 않으려면 혈관 건강에 유해한 LDL 콜레스테롤의 혈중 농도부터 낮춰야 한다. 식이섬유·오메가-3 지방·식물성 에스트로겐이 풍부한 식품을 갱년기 여성에게 추천하는 것은 그래서다.

식물성 에스트로겐은 심장병 예방 성분이기도 하다. 항산화 효과가 있어서 심장 혈관에 쌓인 활성산소를 제거하기 때문이다. 미국에서 45~55세 여성에게 콩 단백질을 하루 20g씩(아이소플라본 함량 34mg) 6주간 제공한 결과 LDL 콜레스테롤·총 콜레스테롤 수치와 혈압이 모두 떨어졌다. 갱년기 여성은 심장병 예방을 위해 매일 두부 180g(아이소플라본 함량 약 60mg)을 섭취하는 것이 좋다.

승마는 갱년기 여성을 위한 대표적인 허브다. 연구도 가장 많이 된 북미에 자생하는 식물이다. 과거 미국 인디언은 갱년기 증상 개선 외에 불임 치료·진통 완화 용도로 썼다. 1950년대 말부터 독일에서 에스트로겐의 대체 물질로 인기를 모으면서 세계적인 명성을 얻었다. 에스트로겐과 효과가 비슷하면서 우려할 만한 부작용이 없다는 것이 높이 평가됐다.

일반적으로 알려진 승마의 효능은 갱년기 증상 개선, 골다공증 예방, 월경전증후군의 완화 등이다. 과잉 섭취 시 드물게 위장장애·현기증·구역질·구토 등을 일으키지만 심각한 부작용은 없다. 고혈압 약이나 타목시펜(유방암 치료제)을 복용중인 환자는 주의를 요한다. 하루 적정 섭취량은 40~80mg이다.

여성의 갱년기 증상 개선과 월경전증후군 완화 등에 도움을 주는 것으로 알려진 식물성 에스트로겐은 콩·사과·버찌·딸기·밀·옥수수·면화열매 등에 많이 함유돼 있다. 실험실 분석에 따르면 43종류 이상의 식용 식물에서 에스트로겐의 활성이 관찰됐다. 이들의 호르몬으로서의 기능(역가)은 체내에서 분비되는 자연 에스트로겐과는 비교도 되지 않을 만큼 낮다. 일반적인 경우 환경호르몬으로 작용하지 못하므로 크게 걱정할 필요는 없다.

일부에선 경고의 목소리도 나오고 있다. 스낵 제조과정에서 식물성 에스트로겐이 함유된 면실유가 널리 사용되고 있다는 이유에서다. 일부 두유 속엔 식물성 에스트로겐이 신생아의 혈중 에스트로겐 농도보다 1~2만 배 높은 농도로 존재하는 경우도 있다. 두유만 먹고 자라는 일부 선천적 대사 이상 영아의 건강엔 악영향을 줄 수도 있다는 우려가 일부에서 제기됐지만 아직 확실히 밝혀진 것은 아니다.

환경호르몬은 여성호르몬·남성호르몬·갑상선호르몬·성장호르몬 등 다양한 호르몬 분비에 영향을 미치지만 특히 에스트로겐과의 관계가 많이 밝혀져 있다. 환경호르몬으로 널리 알려진 DES(Diethylstilbestrol)도 강력한 합성 여성호르몬이다.

이 약물은 임상실험을 통해 약효와 안전성이 채 확인되지도 않은 상태에서 1948년부터 1972년까지 유산 방지에 효과가 있을 것이라는 희망으로 미국에서 수백만 명의 임산부에게 처방됐다. 이로 인한 약화(藥禍)사고는 유명한 탈리도마이드 사건에 비견될 정도다. DES를 복용한 산모에게서 오히려 유산이 증가됐을 뿐 아니라 유산이 되지 않았다 하더라도 태아의 성별이 여아인 경우 자궁 기형을 유발했다(자궁이 T 모양으로 된다). 태어난 여아가 사춘기가 되면 질에 투명세포암(Clear cell carcinoma)이란 암이 발생하는 경우가 많았다. 또한 남아에서도 성기 기형이 다수 발견됐다.

6장
탄광의 카나리아

카나리아는 카나리아 제도가 원산지인 노란색 깃털을 가진 작고 예쁜 새다. 외모가 예쁘고 노랫소리가 아름다워 애완조로 사랑받는다. 경계심이 많은 것이 특징이다. 일반적인 형태의 새장에선 번식도 못할 정도다.

영국에서 광산업이 꽃피던 시절에 영국의 광부는 카나리아의 이런 경계심을 이용했다. 광부는 깊은 갱도에서 늘 카나리아를 옆에 두고 있었다. 탄광 안에 조금이라도 유독가스가 퍼지면 카나리아는 노래를 멈추고 횃대에서 비틀거리며 떨어져 광부에게 위험을 알렸다. 이후부터 눈에 보이지 않는 위험을 알리는 신호를 '탄광의 카나리아'라고 빗대 표현하고 있다. 과거에 군대에서 페치카로 난방할 때 일산화탄소 측정기 대신 카나리아를 길렀다는 얘기도 전해진다.

환경호르몬 오염과 노출에 있어선 '탄광의 카나리아'가 존재하지 않을 수도 있다. 환경호르몬은 최근에 갑자기 등장한 각종 화학물질의 부작용이기 때문이다. 인류를 비롯한 지구상의 동식물은 수천 년, 수만 년에 걸친 진화의 산물이다. 생물은 오랜 기간에 걸쳐 여러 물질이나 위협에 대한 방어책을 생물학적으로 만들면서 생존해왔다.

모유는 환경호르몬의 폐해를 알리는 '탄광의 카나리아'가 될 수 있다. 생물분류학의 아버지 린네는 날아다니는 유일한 포유류인 박쥐와 인간을 같은 부류로 분류했다. 젖과 젖샘이 있어 새끼에게 모유를 먹인다는 이유에서다. 인간에겐 박쥐 같은 포유류와 다른 특별한 점이 있다. 유방(breast)이 있다는 것이다.

유방에 대한 성적 관심은 유방 확대 등 유방 성형술을 낳았다. 최초로 유방 성형을 받은 여성은 1962년 미국 텍사스주 휴스턴의

티미 진이었다. 그녀는 가슴에 문신을 제거하러 보건소에 갔다가 보형물을 넣는 실험을 권유 받고 세계 최초의 실리콘 주입 대상이 된다. 이후 수많은 유방 성형 시술이 이뤄졌다.

1991년엔 보형물에 폴리우레탄폼이 사용됐다. 나중에 여기서 발암물질인 2, 4-톨루엔디아민이 나온다는 사실이 알려졌다. 1992년 미국 식품의약청(FDA)은 실리콘 보형물 수술을 중단시켰다. 1995년 50만 명의 여성이 보형물 제조사와 수술한 의사를 고소했다. 2만 건의 소송과 41만 건의 보상청구가 기다리는 상황에서 제조사인 다우코닝은 파산을 선언했다.

유방의 본래 기능은 모유 수유다. 모유는 수백 가지 성분이 들어 있는, 아기에게 최적의 완전식품이다. 모유엔 분유에 없는 성분이 들어 있다. 아이를 보호하는 면역 성분이다. 세계보건기구(WHO)가 출생 후 2년은 가급적 모유를 먹이라고 추천하는 것은 그래서다.

우리가 잘 아는 먹이사슬 피라미드를 떠올려보자. 가장 아래쪽에 위치한 것이 식물 등 생산자다. 초식동물인 1차 소비자, 육식동물인 2차 소비자를 지나 최정점엔 3차 소비자인 인간이 위치해 있다. 환경오염물질을 비롯해 모든 유해물질은 먹이사슬의 위쪽으로 올라갈수록 더 많이 농축된다. 이를 전문용어로 생물농축이라 한다. 먹이사슬의 최고의 정점에 있는 존재는 아기다. 엄마의 모유를 먹기 때문이다.

생물농축 이론을 수용한다면 모유는 온갖 오염물질의 '저수지'

환경호르몬 물질이
들어가기 쉬운 모유

일 수 있다. 모유 성분을 조사해 보면 비록 미량이지만 페인트와
시너, 드라이클리닝액, 목재 방부제, 화장실 탈취제, 화장품 첨가
물, 살균제, 난연제 등이 들어 있다. 이런 오염물질이 고스란히 아
이에게 전달된다는 점에서 모유 수유는 그 자체가 공해와 생태 문
제에 직결돼 있다.

환경호르몬은 높은 유방암 발생 위험과 연결된다. 유방암은 여
성호르몬인 에스트로겐과 깊은 연관이 있지만 환경과도 밀접한
관련이 있음은 오히려 남성 유방암 환자로 인해 규명됐다. 미국 노
스캐롤라이나주 르준 기지의 오염으로 인해 남성 유방암 환자가
급증했던 사고가 단적인 예다.

모유에도 환경호르몬 의심 물질이 섞여 들어갈 수 있다. 특히
어머니 뱃속에 있을 때부터 아이가 접하게 되는 DEHP 등 프탈레
이트는 양수·제대혈(탯줄)·모유에서도 검출된다. 프탈레이트는 인
체 내에서 생물학적 반감기(10~12시간)가 짧아 임산부가 약간만 주

의해도 아이에 미치는 영향을 크게 줄일 수 있다.

모유를 먹는 우리나라 신생아의 8%가 프탈레이트의 일종인 DEHP를 하루 섭취 제한량보다 많이 섭취하는 것으로 나타났다. 서울대 보건대학원 최경호 교수팀이 2012년 4~8월 서울 등 전국 4개 도시 5개 대학병원에서 분만한 지 1개월 된 산모 62명의 모유에서 DEHP 등 환경호르몬 물질을 분석했다. 신생아가 모유를 통해 매일 섭취하는 DEHP의 양은 아이의 체중 Kg당 0.91~6.52mg 수준이었다.

모유를 먹은 62명의 신생아 중 5명(8%)은 하루 섭취 제한량을 초과하는 DEHP를 섭취하는 것으로 밝혀졌다. 4명(6%)은 DnBP를 1일 섭취 제한량 이상 섭취하는 것으로 추산됐다. 모유엔 프탈레이트 외에 POPs(Persistent Organic Pollutants)도 다른 식품보다 더 많이 들어 있다.

POPs는 먹이사슬을 통해 동식물 안에 축적돼 면역체계를 교란시키고 중추신경계 손상을 초래하는 유해물질로 잔류성 유기오염물질이라 불린다. POPs에 대한 노출을 원천적으로 피하는 것은 어려우므로, 인체에 존재하는 POPs의 원활한 배출을 위해 노력할 필요가 있다.

현대인에게 지방은 몸매를 망가뜨리고 건강을 위협하는 악당으로 인식돼 왔다. 2010년 학계에선 지방조직의 존재 이유를 '화학물질의 관점'에서 바라보는 중요한 인식의 전환이 이뤄졌다. 인체 내에 POPs가 들어오더라도 우리 인체는 이 물질을 아주 서서히 배출시키는 능력밖에 지니지 못했다.

POPs가 우리 몸에 들어오면 배출되기 전까지 어딘가 머물 곳이 필요한데 그나마 가장 '안전한 곳'이 바로 지방조직이다. 인체로 들어온 POPs는 일단 지방조직에 축적돼 있다가 지속적으로 혈중으로 흘러나온다. 지방조직이 다른 주요 장기를 보호하는 역할을 한다고도 볼 수 있다.

최근 낮은 농도의 화학물질에 노출돼도 비만이 될 가능성이 높다는 연구 결과가 나왔다. 이는 생명체가 가진 일종의 '적응 반응'이라 볼 수 있다. 화학물질의 저장 장소를 인체가 미리 알아서 확보했다는 것이다. 따라서 지방조직의 양이 너무 빠르게 줄어들면 지방조직 안에 안전하게 자리 잡고 있던 POPs가 혈중으로 흘러나와 인체의 주요 장기로 전달됨으로써 장기 손상이 유발될 가능성이 높아질 수 있다.

그런 점에서 아기에게 모유를 먹이는 동안엔 다이어트는 절대 금물이다. 산모가 출산하자마자 아가씨 몸매를 되찾기 위해 급격한 다이어트에 돌입하면 모유 속 환경호르몬 수치가 올라가게 마련이다. 지방조직에서 흘러나온 각종 화학물질이 모유에도 녹아들게 되고 이를 아기가 섭취하게 된다.

특히 임신 때 주의하지 않고 살을 대책 없이 찌우다가 출산 후 급격하게 살을 빼는 것이 최악이다. 임신기간 중 갑자기 살이 찌면 외부에서 들어온 화학물질이 상대적으로 더 쉽게 지방조직에 축적되기 때문에 출산 후 급격한 다이어트는 더욱 아이에게 치명적이다. 모유의 환경호르몬 농도를 낮추려면 임신기간에 10~12kg 이상 체중이 늘어나지 않도록 하는 것이 중요하다.

임신 전부터 실천하면 더 좋겠지만 힘들다면 최소한 임신기간과 모유를 먹이는 기간만큼은 현미밥을 먹고 빨주노초파남보 컬러 채소를 껍질째 많이 먹는 것이 좋다. 현미에 든 식이섬유와 컬러 채소에 함유된 파이토케미컬(식물성 생리활성물질)이 엄마 몸속에 축적된

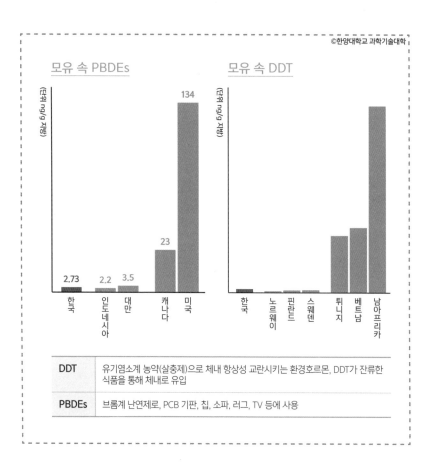

©한양대학교 과학기술대학

모유 속 PBDEs

(단위 ng/g 지방)

한국	인도네시아	대만	캐나다	미국
2.73	2.2	3.5	23	134

모유 속 DDT

(단위 ng/g 지방)

| 한국 | 노르웨이 | 핀란드 | 스웨덴 | 튀니지 | 베트남 | 남아프리카 |

DDT	유기염소계 농약(살충제)으로 체내 항상성 교란시키는 환경호르몬, DDT가 잔류한 식품을 통해 체내로 유입
PBDEs	브롬계 난연제로, PCB 기판, 칩, 소파, 러그, TV 등에 사용

다양한 화학물질을 체외로 배출시키는 효과를 갖고 있어서다.

엄마 몸에서 배출되는 유해물질의 양이 증가하면 덩달아 모유도 깨끗해질 가능성이 높다. 우리 인체 내 여러 생리적인 기능을 향상시켜 화학물질로 인해 발생하는 문제를 해소하는 데도 도움이 된다.

지방에 녹는 지용성 성분인 POPs 뿐만 아니라 납 등 중금속 노출을 줄이는 일도 소홀해선 안 된다. 임신기·수유기 동안은 칼슘 섭취에도 신경 써야 한다. 임신기와 수유기에 접어들면 뼈 속에 축적돼 있던 납 같은 중금속이 혈중으로 빠져나오고 이로 인해 모유 속의 중금속 농도가 높아진다. 임신과 수유기간에 칼슘이 풍부한 음식을 충분히 섭취하면 어느 정도 예방이 가능하다.

'1부 환경호르몬이란 무엇인가'는 환경호르몬의 실체를 대략적으로 소개하고 있다. 환경호르몬은 내분비계 장애물질을 가리킨다. 내분비계는 대개 호르몬을 뜻한다. 환경호르몬이란 용어가 왜 만들어졌는지, 21세기에 사는 현대인과 환경호르몬의 '공존'이 가능한지 등을 곰곰이 생각해 보자.

'1장 지금 무슨 일이 일어나고 있는가?'에선 우리 생활 주변에서 환경호르몬과 관련해 어떤 일이 펼쳐지고 있는지를 보여준다. 환경호르몬이 우리 생활과 삶에 얼마나 큰 영향을 미치고 있는지를 생각해 보자. 환경호르몬 제품이 얼마나 많이 사용되고 있는지, 환경호르몬에 의한 각종 피해 중 현 시점에서 가장 우려되는 것이 무엇인지 함께 토론해 보자. 아울러 환경호르몬에 대한 우리의 경각심이 적정 수준인지 체크해 보자.

'2장 호르몬-생명체의 전령'에선 호르몬의 세계가 소개된다. 우리 몸속의 호르몬이 우리 건강에 어떻게 작용하고 있는지를 짐작할 수 있다. 호르몬은 미량이지만 우리의 감정까지 지배한다. 우리 몸에 다양한 영향을 미치는 호르몬의 실체에 근접해 보자. 남성호르몬과 여성호르몬이 우리를 어떻게 조정하고 있는지 함께 토론해 보자.

'3장 외부 호르몬'에선 환경호르몬이 본격적으로 등장한다. 환경호르몬은 대표적인 외부 호르몬이기 때문이다. 우리 몸속 내부 호르몬과 외부 호르몬의 차이를 알면 환경호르몬의 해악에 대한 바른 이해가

가능해진다. 환경호르몬이 어떻게 우리 신체를 공격하는지 점검해 보자. 외부 호르몬과 내부 호르몬이 어떻게 다른지도 함께 논의해 보자.

'**4장 생태계 파괴**'에선 환경호르몬의 확산으로 인한 환경과 생태계 파괴가 그려진다. 환경호르몬은 사람뿐 아니라 동물 등 생태계에도 악영향을 끼친다는 사실을 확인할 수 있다. 환경호르몬에 의한 생태계 파괴를 막기 위해 우리가 당장 어떤 행동을 취해야 할지 생각해 보자. 환경호르몬으로 인한 생태계 파괴가 사람의 삶에 어떤 영향을 미칠지 함께 토론해 보자.

'**5장 에스트로겐의 모든 것**'에선 대표적인 여성호르몬인 에스트로겐의 실체를 확인할 수 있다. 환경호르몬 중엔 에스트로겐의 작용을 흉내 내는 것이 많다. 콩 등 일부 식물은 식물성 에스트로겐(파이토 에스트로겐)을 함유하고 있다. 에스트로겐과 환경호르몬의 복잡한 관계를 이해해 보자. 환경호르몬은 왜 유독 여성호르몬을 흉내 내는 경우가 많은지 함께 토론해 보자.

'**6장 탄광의 카나리아**'에선 우리 삶의 터전이 환경호르몬으로부터 어느 정도의 도전을 받고 있는지가 그려진다. 현재 환경호르몬 노출 정도가 '카나리아'를 위협할 만큼 심각한 상태인지 함께 검토해 보자. '탄광의 카나리아'처럼 환경호르몬의 재앙을 미리 경고하는 신호탄이 무엇인지 열거해 보자.

2부

환경
호르몬이
몸에 미치는
영향

1장
여성

여성은 남성보다 환경호르몬에 더 취약할까? 안전할까? 여성은 기본적으로 남성보다 천연 에스트로겐을 더 많이 분비한다. 에스트로겐 양이 조금만 더 많아져도 건강에 문제를 일으킬 수 있다. 환경호르몬 저장능력은 여성이 더 높다. 여성은 체지방 비율이 평균 21%로 남성보다 6~9% 높기 때문에 몸속에 환경호르몬이 더 많이 쌓일 수 있다.

여성은 남성보다 간의 크기가 작아 환경호르몬의 해독능력도 떨어진다. 여성이 환경호르몬에 노출되면 생리불순·심한 생리통·불임·유방암·자궁암 등 여러 가지 이상 증세를 겪을 수 있다.

국내에서 환경호르몬이 여성의 건강에 미치는 영향에 대한 사회적 관심이 높아진 것은 지난 2017년이다. 여성 커뮤니티와 사회 관계망 서비스(SNS)에 특정 생리대를 쓴 뒤 생리량이 줄어들거나 생리불순·생리통 등이 나타났다는 경험담이 올라오기 시작한 것이 계기가 됐다. 같은 해 3월, 김만구 강원대 환경융합학부 교수 연구팀이 '생리대 방출 물질 검출 시험' 결과 국내에서 많이 팔리는 10종의 일회용 생리대에서 모두 국제암연구소(IARC)의 발암물질, 유럽연합(EU)이 규정한 생식독성, 피부자극성 물질 등 유해물질 22종이 검출됐다고 발표했다.

생리대 유해성 논란은 '여성 건강'에 대한 사회의 관심이 부족한 데서 증폭됐다고 볼 수 있다. 그동안 생리통이나 생리대 부작용을 사소한 것으로 여기는 가부장적 역사가 있었다. 생리대에서 유해물질이 검출된다 해도 여성의 신체적 특성과 사용 행태 등을 제대로 고려하지 않고, 검출량이 기준치 이하라며 성급하게 '평생 사용해도 안전하다'는 결론을 흔히 냈다.

생리대 유해성 논란이 불거지면서 많은 여성이 불안감을 감추지 못하고 있다. 생리대에서 검출된 휘발성유기화합물(VOCs) 등 유해화학물질은 남성보다 체내 축적이 잘 되는 여성에게 더 위험할 수 있다. 내분비계를 교란시켜 생식기능을 떨어뜨리는 등 건강을 위협할 수 있기 때문이다. 임신·출산을 통해 후대까지 영향을 미칠 수 있다는 것도 두려움을 주는 요인이다.

여성은 VOCs 같은 환경유해인자가 체내에 대사·축적·배설되는 경로와 기전이 남성과 달라 그 영향을 더 많이 받는다. VOCs는 정유공장, 주유소, 자동차나 페인트, 접착제 등 건축 자재에서 주로 뿜어져 나온다. 생리대의 경우 속옷에 고정하는 접착제 부분에서 나오는 것으로 알려졌다. 톨루엔·벤젠·자일렌·에틸렌·스타

이렌(스틸렌) 등이 대표적인 VOCs다.

이들 물질은 악취가 심할 뿐 아니라 고농도 또는 장기간 노출될 때 신경과 근육 등에 장애를 일으킬 수 있다. 특히 국제암연구소(IARC)가 '인체 발암 가능 물질(2B군)'로 분류하고 있는 스타이렌은 환경호르몬 의심 물질로, 여성호르몬을 증가시켜 자궁암·백혈병·생식능력 저하·저능아 출산 등을 유발할 수 있다. 췌장암·천식·피부염 등도 일으킬 수 있다.

여성의 건강을 위협하는 유해화학물질은 VOCs 외에, 흔히 환경호르몬으로 알려진 내분비계 교란물질(EDC), 납·수은 등 중금속이다. 미세먼지·이산화질소·오존 등 대기오염물질도 일상에서 쉽게 접할 수 있는 여성의 건강에 악영향을 미치는 물질이다. 이들 물질은 체내에 들어가면 자궁 질환, 불임 같은 생식독성은 물론 암·알레르기 질환·비만·대사장애·신경독성 등을 일으킬 수 있다.

요즘 결혼 연령이 늦어지면서 특별한 원인 없이 임신이 되지 않아 고민하는 여성이 많다. 이 같은 난임이 환경호르몬 때문일 가능성이 있다는 주장도 제기됐다. 이를 막기 위해 임신 준비기간에 환경호르몬 노출을 피해야 한다는 것이다.

난임 외에도 환경호르몬은 여성의 삶에 다양한 악영향을 미친다. 환경호르몬에 의해 영향을 받을 수 있는 여성질환은 자궁내막증·월경주기 이상·조기 난소부전 등이 있다.

2015년 북미의 한 연구팀이 약 15가지 환경호르몬을 분석한

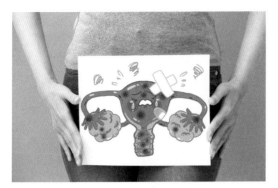
여성 생식기에 악영향을
미치는 환경호르몬

결과, 가장 고농도로 환경호르몬에 노출된 여성이 저농도로 노출된 여성에 비해 폐경이 4년 가까이 빠른 것으로 나타났다.

2013년 미국생식의학회, 2015년 북미내분비학회는 최근 20여 년간 환경호르몬이 여성 생식과 연관된 질환 발생에 기여한다는 근거가 여럿 제시되고 있는 만큼 각별한 주의를 필요로 한다는 입장을 내놓았다.

자궁내막증은 자궁 안에 있어야 할 내막 조직이 자궁이 아닌 나팔관·복막 등의 부위에서 증식하면서 출혈·염증·유착을 일으키는 질환이다. 가임기 여성의 10~15%에게 나타나는 드물지 않은 병이다. 이 질환이 있으면 생리통·골반통·성교 시 통증 등의 증상이 생길 뿐만 아니라 임신을 힘들게 한다.

자궁내막증의 가장 흔한 증상인 골반통증이 보통 생리통과 함께 나타나기 때문에 생리를 하는 여성 상당수가 자신이 자궁내막증을 앓고 있다는 사실조차 모른 채 지내는 경우가 많다. 증상이 심하게 와야 뒤늦게 병원을 찾는다.

자궁내막증은 자궁내막 세포를 포함한 월경혈이 난관으로 역류해 발생하는 것으로 추정된다. 정확한 원인은 아직 잘 모른다. 최근엔 환경호르몬이 자궁내막증을 일으킬 수 있다는 주장이 학계에서 주목받고 있다.

여러 동물실험에서 자궁내막증이 있는 실험동물이 정상 동물보다 혈중 프탈레이트 농도가 높았다. 북미에서 수행된 연구에선 고농도의 프탈레이트(환경호르몬) 노출은 자궁내막증 발병 위험을 2배 정도 높이는 것으로 나타났다. 자궁내막증은 경증에서 중증까지 진행 정도가 다양하다. 국내의 한 연구 결과를 보면 프탈레이트 노출 수준이 높을수록 자궁내막증의 증상이 심했다.

자궁근종과 환경호르몬의 관련성에 대해선 아직 추가 연구가 필요하다. 환경호르몬이 진짜 호르몬인 에스트로겐과 프로게스테론 수용체에 작용해 잠재적으로 자궁근종 발병에 기여할 가능성은 있다.

임산부가 특히 주의해야 할 환경호르몬은 비스페놀 A다. 비스페놀 A는 생식기능에 악영향을 미칠 수 있어서다. 비스페놀 A에 지속적으로 노출되면 불임과 반복 유산의 원인이 될 수 있는 것으로 알려졌다. 비스페놀 A는 체중조절 호르몬인 렙틴의 분비를 교란시켜 비만을 유발할 수도 있다.

엄마의 배 속에 있을 때 비스페놀 A에 노출된 태아는 출생 후 호르몬 교란과 뇌기능 저하를 경험하기 쉽다. ADHD 등 문제 행동을 보이기도 한다. 태아기에 노출된 비스페놀 A가 천식 등 알레

르기 질환을 유발하고 비만아가 되기 쉽
게 한다는 연구 결과도 나왔다.

캔 내부 코팅제에
들어 있는 비스페놀 A

　미국 하버드대학 연구팀의 비스페
놀 A와 시험관 아기 시술 결과 관련 연
구 결과도 주목할 만하다. 연구팀은 2007
~2012년 여성 230명을 대상으로 소변에서
검출된 비스페놀 A 농도와 시험관 시술 결과의
관계를 분석했다. 여기서 임신부의 비스페놀 A
농도가 높을수록 착상률·생존아 출산
율 등이 낮았다. 콩을 섭취한 여성에선
비스페놀 A의 농도가 높아도 착상률·
출산율에서 일반 임산부와 별 차이가 없
었다.

영수증·순번대기표 등에
포함된 비스페놀 A

　임신 도중 비스페놀 A에 덜 노출되기
위한 생활 수칙 첫 번째는 일회용품을 피하
는 것이다.

　캔 내부 코팅제에 비스페놀 A가 들어 있으므로 캔 제품도 가
능한 한 피한다. 영수증·순번대기표 등의 직접 접촉도 피하며 부
득이하게 영수증을 자주 만져야 한다면 장갑을 착용한다. 지갑이
나 가방 속에 영수증을 넣어 두지 않는 것도 영수증·순번대기표
등에 포함된 비스페놀 A의 노출을 줄이는 법이다.

2장

남성

남성의 정자(精子)가 병들고 있다. 질
(質)은 낮아지고 수(數)는 줄어들고 있다. 정자가 병들면 생식능력
이 떨어져 난임(難姙)으로 이어진다. 정자가 병들고 있다는 주장은
1992년 덴마크에서부터 시작됐다. 덴마크 코펜하겐대학병원 닐스
스카케벡 교수는 남성의 정자 수가 1940년 1ml 당 1억 1300만 마
리에서 1990년 6600만 마리로 50년 만에 45% 감소했고, 기형 정
자가 증가하고 있다고 밝혔다.

이후 정자가 병들고 있다는 내용의 연구 결과가 잇달아 나오면
서 정자에 문제가 있다는 주장이 지배적으로 자리 잡았다. 정자
가 병드는 가장 큰 원인 중 하나로 거론된 것이 바로 환경호르몬
이다. 2014년 덴마크 코펜하겐대학 연구팀에 따르면 환경호르몬이

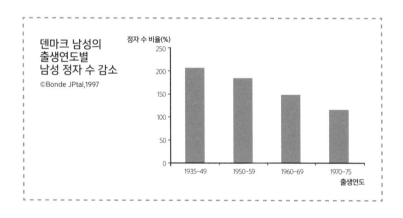

덴마크 남성의
출생연도별
남성 정자 수 감소
©Bonde JPtal,1997

남성의 정자를 파괴시켜 난임이 늘어났다.

덴마크의 스카케벡 교수는 남성의 정자 수 감소가 덴마크 외에 벨기에·영국 등에서도 확인됐다고 주장했다. 이 충격적인 내용은 전 세계에 큰 반향을 일으켰다.

스카케벡 교수팀은 그 뒤 새로운 생물학적 실험법을 개발해 환경호르몬이 남성의 정자에 미치는 영향을 연구했다. 조사 대상 화학물질 중 1/3가량은 정자에 직접적으로 나쁜 영향을 끼쳤다. 여기엔 일부 자외선 차단제에 사용되는 자외선 흡수제 4-MBC(4-methylbenzylidene camphor), 비누나 치약에 사용되는 살균제 트리클로산(Triclosan), 매니큐어나 접착제에 포함된 가소제 부탈산 디부틸(di-n-butylphthalate, DnBP) 등이 포함됐다. 이 연구 결과는 2014년 5월 유럽분자생물학기구(EMBO) 홈페이지에 발표됐다.

프랑스 주아네 박사도 스카케벡 교수의 주장을 뒷받침했다. 그의 연구 논문에 따르면 1973년 정액 1ml당 8900만 마리였던 프랑스 남성의 정자 수가 1995년에는 6000만 마리로 줄었다. 고환의 평균 무게도 1981년 18.9g에서 1991년 17.9g으로 감소했다. 이는 프랑스에서 1351명의 건강한 남성을 대상으로 한 연구 결과다.

영국 노팅엄대학 리처드 리 박사팀은 2019년 3월 과학 전문지 사이언티픽 리포츠(Scientific Reports)를 통해 실내에 만연한 유해화학물질이 정자의 질을 떨어뜨릴 수 있다고 발표했다. 연구팀은 남성의 정자 질과 수컷 개의 정자 질이 비슷한 처지에 놓인 것을 확인했다. 연구팀은 가정에 노출된 각종 화학물질이 공통 원인이 될 수 있다고 보고 남성과 수컷 개의 정자 질을 검사했다.

이 연구를 통해 정자의 질을 저하시킬 수 있다고 지목된 실내 화학물질은 디에틸헥실프탈레이트(DEHP)와 PCB153이다. 환경호르몬으로 널리 알려진 DEHP는 바닥재·실내 장식품·옷·장난감 등에 사용되는 플라스틱 가소제다. PCB153은 전 세계적으로 사용이 금지됐지만 대기·토양에서 여전히 검출되고 있다. 실험을 통해 남성과 수컷 개의 정자를 실내 환경과 비슷한 수준으로 여러 화학물질에 노출시켰을 때, DEHP와 PCB153이 정자 운동성을 감소시키고 DNA 단편화를 증가시켜 정자 손상을 유발하는 것으로 드러났다.

피임하지 않고 정상적으로 성생활을 하지만 1년 이내에 임신이 되지 않으면 난임으로 간주한다. 난임의 원인은 정자 이상, 정자의 운동능력 저하 등 남성 탓이 약 40%로 알려져 있다. 여성의 신체는 건강한 태아를 만들기 위해 운동량이 적은 정자를 차단하기 때문에 정자 운동성이 감소하면 난임·불임 가능성이 커진다.

문제는 DEHP가 일상생활에서 쉽게 노출될 수 있다는 것이다. 2019년 2월 국가기술표준원에 따르면 가방과 신발·의류 등 아동용 섬유제품 8개에서 DEHP가 기준치보다 최대 158.1배나 초과 검출됐다. 어린이와 청소년이 흔히 쓰는 샤프연필류에서도 최대 272.4배까지 초과 검출돼 리콜 조치됐다.

환경호르몬은 남성의 정자 속 칼슘 농도를 증가시킨다. 칼슘 농도가 높아지면 정자가 난자와 결합하는 과정을 돕는 효소의 방출

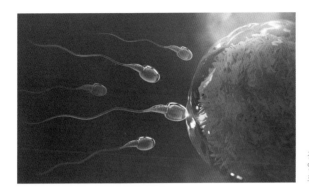

정자의 운동능력에
영향을 미치는 환경
호르몬

시기가 늦어지거나 정자의 운동능력이 떨어진다. 정자는 난자를 찾기 위해 호르몬 신호를 쫓아간다. 환경호르몬은 이 신호도 막는다.

남성의 정자 수에 큰 변화가 없다는 상반된 연구 결과도 나왔다. 핀란드를 비롯한 다른 유럽 지역에선 정자 수의 변화가 없거나 더 증가한 곳도 있었다(1958~1992년까지 1ml당 1억 1100만 마리에서 1억 2400만 마리로 증가). 미국에서도 과거 25년간 정자 수의 감소는 인정할 수 없다는 주장이 제기됐다. 이렇게 상반된 연구 결과가 나오면서 정자 수 감소와 환경호르몬의 연관성에 대해선 아직 합의된 결론엔 이르지 못하고 있다.

환경호르몬이 정자 수의 급격한 감소 외에도 정소종양(고환암)이나 요도하열과 같은 생식기 기형의 증가를 부른다는 연구 결과도 여럿 발표됐다. 우연의 일치인지는 몰라도 고환암 발생률이 낮은 나라에선 요도하열 유병률도 낮았다.

환경호르몬에 의한 사람의 생식기 장애론 요도하열(요도가 아래쪽에 위치해 정상적인 성생활 불가)·잠복 고환증(고환이 음낭 속이 아닌 비정상 위

치에 있는 것을 가리키며 음낭 미발달이 주증상)·**가성 반음양**(남녀의 특징을 모두

갖고 있어 외관상 성구별이 어려운 상태) 등이 꼽힌다.

중앙대병원 비뇨기과 김세철 교수는 '환경호르몬에 의한 인체

역학 조사'란 연구 논문에서 국내 대표적인 공단 밀집 지역인 A 지

역과 B 지역, 공단이 별로 없는 C 지역에 사는 4세 미만의 남아를

대상으로 잠복고환과 요도하열 등 생식기 기형 현황을 조사했다.

공단 지역인 B 지역의 4세 미만 남아 3627명 중 82명(0.24%)이 기

형 진단을 받은 것으로 나타났다.

중앙대병원 연구팀은 공단 B 지역에 위치한 석유화학 공장 세

곳의 근로자 85명과 공단이 별로 없는 지역의 공무원 66명 등 30

·40대 남성 151명을 대상으로 정액 검사를 실시했다. 정자의 뾰

족한 머리 부분의 돌기 세포 모양이 비정상적인 경우가 B 지역은

16.5%였다. 유럽연합(EU) 등에서 환경호르몬의 영향 지표로 삼고

있는 자연 유산율도 26.4%로, 공단이 별로 없는 C 지역(11.5%)보다

두 배 이상 높았다.

환경오염 지역에 사는 남성의 정자엔 노폐물이 많았다. 정자의

질적 저하가 일어난 것이다. 이로 인해 정자의 운동성이 떨어졌다

고 연구팀은 추정했다.

환경호르몬의 영향으로 남성 성기의 길이도 60년 전에 비해

1cm가량 줄어들었다는 연구 결과도 있다. 이는 이탈리아 파도바

의과대학 카를로 포레스타 교수 연구팀이 이탈리아 남성 2000명

을 대상으로 조사한 결과다. 1948년 약 9.7cm(발기 전)이던 남성 성

기가 2008년엔 8.9cm로 줄어들었다는 것이다.

포레스타 교수는 남성의 음경 크기가 줄어든 원인으로 다이옥신·농약·중금속·화학물질 등 환경호르몬을 지목했다. 환경호르몬 노출로 인해 남성호르몬의 분비가 줄어든 것이 음경이나 고환 크기 등에 영향을 미쳤다는 것이다. 그는 이런 변화가 이미 엄마의 자궁 속에서부터 시작돼 문제가 심각하다고 강조했다.

3장
어린이·청소년

환경호르몬은 한 사람의 생애에 걸쳐서만 영향을 미치는 것이 아니다. 세대를 넘어 다음 세대까지 영향을 미친다. 엄마의 체내에 쌓인 환경호르몬은 배 속 태아에게 그대로 전달된다.

캐나다의 여성 다큐멘터리 감독 배리 코헨은 10대 딸의 혈액에서 환경호르몬인 PCB가 검출된 사실을 믿기 힘들었다. PCB는 1977년 캐나다 정부가 생산과 사용을 금지한 화학물질이었기 때문이다. PCB를 접한 적이 없는 1995년생 딸의 몸속에서 검출된 PCB는 엄마로부터 물려받은 것이다.

국내에서도 2014년 어린이 몸속에 축적된 환경호르몬이 오히려 성인보다 많다는 결과가 제시됐다. 환경부 국립환경과학원이

환경호르몬에 취약한 태아·영유아기와 사춘기

임신초 태아부터 사춘기까지는 환경호르몬에 가장 취약한 시기다.
이 시기는 생식기관과 호르몬, 면역계가 완전히 발달하지 않았기 때문이다.

태아
환경호르몬이 엄마의 체지
방에 축적됐다가 탯줄이나
모유로 아기에게 전달됨

영유아기(만 4세까지)
어린이는 어른보다 체중당
호흡률이 크기 때문에 환경
호르몬 물질의 체내 유입량
이 많음

사춘기
서구화된 식습관과 일회용
용기의 사용, 인스턴트음식
의 섭취 등 직·간접적인 주
변 환경의 영향으로 사춘기
의 시작 나이가 빨라짐

'성인 VS 어린이' 환경호르몬 체내 농도 비교 (자료:환경부)

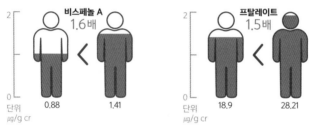

비스페놀 A
1.6배
0.88   1.41

프탈레이트
1.5배
18.9   28.21

단위
㎍/g cr

(자료:환경부 국립환경과학원, 2012년부터 2년 동안 전국 초·중·고(만 6~18세) 어린이·청소년 1820명 대상 연구 결과)

2012년부터 2년간 만 6~18세 어린이·청소년 1820명을 대상으로
체내 유해물질 농도를 조사한 결과다. 만 6~11세 어린이의 몸에
선 환경호르몬인 비스페놀 A가 성인보다 1.6배 더 많이 검출됐다.

외부에서 체내로 들어온 환경호르몬은 자녀 등 후대로 이어
져 질병의 원인이 되기도 한다. 대표적인 사례가 이른바 '데스 도
터(DES daughters)' 사건이다. 1945년부터 1971년까지 전 세계 수백만

명의 여성은 유산 방지를 위해 여성호르몬제인 DES를 복용했다. 이들이 낳은 딸은 20대부터 자궁암·불임·성조숙증 등 심각한 문제에 직면했다. 1990년대 연구를 통해 딸이 엄마 배 속에서 DES에 노출된 것이 부작용의 원인으로 밝혀졌다. 이 사건 이후 DES는 사용이 금지됐다. DES는 당연히 환경호르몬으로 분류된다.

환경호르몬의 '습격'에 가장 취약한 연령층은 어린이다. 어린이가 환경호르몬에 취약한 이유는 다음 다섯 가지로 설명된다.

첫째, 어린이는 장(腸)에서 환경호르몬을 더 많이 흡수한다. 환경호르몬은 엄마 배 속에서부터 노출된다. 신생아는 장 흡수율이 높아 환경호르몬을 성인보다 더 쉽게 흡수할 수 있다.

둘째, 환경호르몬 분해능력이 떨어진다. 일단 체내에 흡수된 환경호르몬은 혈액을 따라 온몸으로 이동한다. 체내에서 환경호르몬은 대사(分解)과정을 거쳐 소변이나 대변을 통해 몸 밖으로 빠져나간다. 영·유아기 등 어릴 때는 이런 대사능력이 성인보다 떨어지므로 환경호르몬이 몸 안에서 더 오래 남게 된다.

셋째, 어릴 때 환경호르몬에 노출되면 평생에 걸쳐 나쁜 영향을 받는다. 영·유아는 적은 양의 환경호르몬 노출에도 심각한 손상을 받아 정상적인 발달과정에 문제를 일으킬 수 있다. 어린이 시기에 환경호르몬에 많이 노출되면 남아의 경우 나중에 정자 수 감소, 정자 운동성 감소, 기형 정자의 발생 증가, 생식기 기형, 정소암, 전립선 질환 등이 유발될 수 있다. 여아는 유방과 생식기관의 암, 자궁내막증, 자궁섬유종, 유방의 섬유세포 질환 등을 일으킬 수 있다.

넷째, 어린이의 손은 늘 입으로 향한다. 영·유아의 환경호르몬 노출은 환경호르몬이 함유된 제품을 직접 입으로 빨거나 해당 제품을 손으로 만진 후 손을 빠는 과정에서도 이뤄진다. 어린이는 음식을 먹던 손으로 물건을 만지고 다시 음식을 먹는 경우가 많다. 손에 묻은 먼지 등에 포함된 환경호르몬이 입 안으로 들어간다.

다섯째, 어린이는 주로 바닥에서 뒹굴며 생활한다. 영·유아와 어린이는 바닥에 뒹굴고 앉아 있는 등 대개 바닥에 근접해 생활한다. 바닥에 가라앉은 먼지에 포함된 환경호르몬이 호흡 또는 섭취를 통해 몸 안으로 들어오기 쉽다. 환경호르몬은 피부 접촉을 통해서도 몸 안으로 유입될 수 있다. 특히 만 1~3세 아이는 바닥을 기어다니기 때문에 더욱 위험하다.

서울대 의대 홍윤철 교수팀의 연구에 따르면, 프탈레이트란 환경호르몬은 아이의 주의력결핍 과잉행동장애(ADHD)와 관련이 있다. 프탈레이트에 많이 노출된 아이일수록 ADHD 증상을 더 심하게 보였다.

미국 터프츠대학 비버리 루빈 교수는 환경호르몬의 일종인 비스페놀 A가 평생 비만의 원인이 될 수 있다고 밝혔다. 연구팀은 쥐를 대상으로 실험을 실시했다. 임신 때부터 생후 16일까지 비스페놀 A에 노출된 새끼 쥐가 더 뚱뚱하게 성장했다.

환경호르몬은 어린이·청소년의 아토피·ADHD·성조숙증을 유발하기도 한다. 아토피성 피부염과 ADHD는 환자 자신은 물론 부모에게도 큰 시련을 안겨주는 병이다. 아토피 피부염은 천식·알레르기 비염·만성 두드러기와 함께 대표적인 알레르기 질환이다. 심한 가려움증이 동반되고 자주 재발하는 것이 특징이다.

보통 태열이라고 부르는 영아기 습진도 아토피 피부염의 시작으로 볼 수 있다. 1970년대까지는 6세 이하 어린이의 3%에서만 발생한다고 알려졌지만 최근엔 어린이의 20%, 성인의 1~3%가 아토피 환자다. 아토피 환자의 70~80%는 가족력을 갖고 있다. 부모 중 한쪽이 아토피성 피부염이 있으면 자녀가 아토피 환자가 될 가능성은 50%, 부모 두 명이 모두 있으면 75%에 달한다.

최근 들어 아토피 발생에서 환경 요인이 강조되고 있다. 각종 환경호르몬이 몸에 쌓이면 아토피가 발생하거나 증상이 악화된다는 주장도 나왔다. 어린이가 비스페놀 A·프탈레이트 등 환경호르몬에 과다 노출되면 가려움증 등 아토피 피부염 증상이 악화될 위험이 높다는 연구 결과가 국내에서 나왔다.

성균관대 의대 정해관 교수팀(예방의학)이 2009년 5월~2010년 4월 서울의 한 어린이집에 다니는 3~8세 아토피 남아 18명의 소변 시료 중 환경호르몬 검출량과 아토피 유병률의 연관성을 분석한 결과다. 이 연구 결과는 '엔바이론멘털 헬스(Environmental Health)'에 소개됐다.

정 교수팀은 아토피 어린이의 증상을 매일 '증상 일지'에 기록했다. 어린이집 교사에 요청해 연구기간인 230일 동안 하루 두 번씩(오전·오후) 모두 460개의 어린이 소변 시료를 채취했다. 연구팀은 시료를 받은 후 1~5시간 내에 아이의 소변에 함유된 BPAG(비스페놀 A 대사물질)와 5-OH-MEHP·MnBP·5-oxo-MEHP(프탈레이트 대사물질)의 양을 측정했다.

아토피 어린이의 소변 중 비스페놀 A·프탈레이트 검출량은 4계절 중 여름·겨울에 최고치를 기록했다. 오후보다는 오전에 수거한 어린이 소변 시료에서 환경호르몬이 더 많이 검출됐다. 연구팀은 오전엔 아이가 집에서 보내는 시간이 많은 것이 오전의 비스페놀 A 농도가 더 높은 요인일 것으로 추정했다. 환경호르몬은 열린 공간인 실외보다 집·교실·어린이집 등 닫힌 공간에 더 많이 오염돼 있다는 데 근거해서다. 환경호르몬인 프탈레이트·비스페놀 A가 아토피 어린이의 증상 악화와 관련이 있다는 것이 이 연구의 결론이다.

ADHD(주의력결핍 과잉행동장애)는 주의력 결핍, 과다한 행동, 충동성이 주증상인 질환이다. 우리나라 어린이의 2~7.6%가 겪고 있다. ADHD 어린이는 한 가지 일에 몰두하지 못하는 데다 놀이에서 순서나 규칙을 지키지 않고 제멋대로 행동하며 다른 사람을 귀찮게 해 '왕따'가 되기 쉽다.

어린이 ADHD 환자의 절반은 청소년기에 들어서면서 증상이 사라지지만 세 명 중 한두 명은 성인이 돼도 증상이 지속된다. 특히 어린이 ADHD의 과잉행동과 충동성은 나이를 먹으면서 사라지지만 주의력 부족은 성인이 돼도 거의 개선되지 않는다. 성인도 2% 정도가 ADHD 환자다. 어린이 ADHD 환자는 80%가 남아이지만 성인 ADHD 환자는 남녀 비가 거의 같다.

ADHD는 대개 뇌 안에서 주의·집중능력을 조절하는 신경전달물질(도파민·노르에피네프린 등)의 불균형이 원인이다. 주의·집중력과 행동을 통제하는 뇌 부위의 구조와 기능의 변화가 ADHD의 발생과 관련되는 것으로 알려져 있다. 뇌손상·뇌의 후천적 질병·미숙아 등이 ADHD의 원인이 되기도 한다.

단국대 심리치료학과 임명호 교수팀은 해외 유명 학술 검색엔진에서 ADHD의 유해 환경 요인으로 가장 많이 거론된 후보 물질은 유기인계 농약 등 13개였으며 이 중 프탈레이트·비스페놀 A·카드뮴 등 10가지가 환경호르몬이었다고 발표했다.

임 교수팀의 리뷰 논문(아동기 주의력결핍 과잉행동장애의 유해환경인자, 소아청소년정신의학, Vol.27 No.4)에 따르면 해외 유명 학술지에 ADHD의 발병·악화와 관련이 있다고 기술된 유해물질은 유기인계 농약, PCB와 유기 염소계 농약, 프탈레이트, 비스페놀 A, PFC, PAH, 수은, 납, 비소, 카드뮴, 망간, 담배, 알코올 등 모두 13가지였다. 이 중 환경호르몬으로 분류되는 물질이 PCB와 유기염소계 농약, 프탈레이트, 비스페놀 A, PFC, PAH, 수은, 납, 비소, 카드뮴, 망간 등 10가지에 달했다.

ADHD의 발병·악화와 관련된 유해물질 중엔 일부 플라스틱에 든 환경호르몬(프탈레이트·비스페놀 A), 중금속(수은·납·비소·카드뮴), 탄 음식에서 생성되는 PAH 등이 포함돼 있다. 프탈레이트·비스페놀 A가 들어 있지 않은 플라스틱을 사용하고, 중금속에 최대한 적게 노출되도록 하며, 태운 음식을 섭취하지 않도록 하는 것이 어린이의 ADHD 예방에 도움이 될 수 있다는 말이다.

임산부의 흡연·음주도 자녀의 ADHD 발생 위험을 높이는 요인이다. 동물실험에선 어미의 (간접) 흡연에 노출된 새끼가 저체중으로 태어날 가능성이 높은 것으로 밝혀졌다. 저체중도 ADHD의 위험 요인 중 하나일 수 있다는 뜻이다. 약 2만 명의 어린이를 대상으로 한 국내 학자의 연구에선 흡연 임산부가 낳은 아이가 ADHD에 걸릴 위험은 비흡연 임산부의 아이보다 2.6배 높았다.

같은 연구에서 임신 중 술을 자주 마신 여성이 낳은 아이가 ADHD아가 될 가능성은 비음주 여성 아이의 1.6배였다. 임신 중 음주는 태아알코올증후군을 유발하기도 한다. ADHD와 태아알코올증후군은 다른 질환이지만 태아알코올증후군아의 행동 증상은 ADHD아와 비슷하다.

최근 우리 사회에서도 성조숙증을 앓는 아이가 눈에 띄게 늘어나고 있다. 국민건강보험공단이 건강보험 진료 데이터를 활용해 2013~2017년 성조숙증 환자를 분석한 결과, 진료 인원은 5년간 2013년 대비 42.3%(연평균 9.2%) 증가했다. 성조숙증은 특히 여아에서 급격한 증가 추세를 보이고 있다. 진료 인원을 기준으로 하면 여아가 남아보다 9배 이상 많다.

그 이유를 명확히 설명하기는 어렵지만 여성호르몬과 비슷한 환경호르몬이 많이 발견된다는 점, 비만의 경우 지방세포에서 여성호르몬을 분비한다는 점 등이 남아보다 여아에게 더 많은 영향

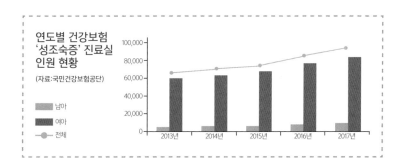

연도별 건강보험
'성조숙증' 진료실
인원 현황

(자료:국민건강보험공단)

남아
여아
전체

을 줄 수 있는 요인으로 추정된다.

성조숙증에 대한 부모 등 대중의 관심과 우려가 커진 것은 이미 10여 년 전부터다. 2006년 9월 SBS가 2부작으로 방영한 '환경호르몬의 습격'은 지금도 기억하는 사람이 많을 만큼 충격적인 내용이었다. 플라스틱에서 흘러나온 프탈레이트(환경호르몬)가 남아를 여성화시키고, 여아에게 성(性)조숙증을 유발한다니 부모라면 뒷목 잡고 뒤로 넘어갈 만했다.

방송에선 프탈레이트에 많이 노출된 산모일수록 요도하열을 가진 아이를 출산할 가능성이 높다고 했다. 환경호르몬의 영향으로 2~3세 여아의 가슴이 사춘기 소녀처럼 봉긋해지고 9세에 생리를 시작하는 등 성조숙증이 증가했다는 것도 소개됐다.

방송에서는 프탈레이트 등 환경호르몬이 남성호르몬(안드로젠)의 작용을 방해해 호르몬의 균형이 깨지고, 이에 따라 여아는 더 빨리 여성스럽게 되고 남아는 여성스럽게 변한다고 했다. 시청자의 반응은 뜨거웠다. "그동안 우리 아이가 프탈레이트를 먹고 살았구나 하는 생각에 잠이 잘 안 온다"며 "주변에 널린 아이 그릇·

젖병·장난감이 대부분 플라스틱인데 어쩌면 좋으냐"고 우려했다. 방송의 여파가 워낙 커서 국내에선 아직도 "플라스틱이 성조숙증을 일으킨다"고 믿는 사람이 수두룩하다. 플라스틱 용기가 성조숙증을 유발한다는 과학적 근거는 찾기 힘들다.

건강보험심사평가원은 성조숙증 환자가 2009년 2만 1712명에서 2013년 6만 6395명으로 5년간 3배가량 늘어났다고 밝혔다. 이 통계 자료는 성조숙증의 증가가 플라스틱에 함유된 환경호르몬 탓임을 뒷받침하는 증거는 되진 못한다.

어린이 시기엔 남성호르몬과 여성호르몬이 균형을 이루다가 사춘기가 되면 균형이 깨지면서 각 성(性)의 2차 성징이 나타나기 시작한다. 우리나라 여아의 정상적인 사춘기 징후는 평균 10~11세(남아 13~14세)에 나타난다. 이런 사춘기 징후가 여아에서 8세 미만, 남아에서 9세 미만에 생기는 것이 성조숙증이다. 여아가 만 8세 이전에 가슴멍울이 잡힌다거나, 남아가 만 9세 이전에 고환이 발달했다면 성조숙증을 의심할 수 있다.

서울대병원 어린이병원에 따르면 여아에선 성조숙증의 80~95%가 특별한 원인 없이 발생한다. 성조숙증 남아의 25~75%는 뇌종양·뇌의 감염 등 뇌의 특별한 문제 탓이다.

성조숙증 아이의 뼈 나이를 측정하면 대개 실제 나이(만 나이)보다 몇 살 많다. 성장판이 일찍 닫히면서 '최종 키'는 정상적인 사춘기를 거친 아이보다 도리어 작아지기 쉽다. 사춘기를 1년 빨리 시작하면 최종 키가 평균 5cm 작아진다는 조사 결과도 있다. 또래보다 신체가 빨리 발달해 부끄러움을 많이 타거나 수영장에서 옷을 잘 벗으려고 하지 않는 등 심리적인 문제가 동반될 수도 있다.

성조숙증 유발 원인은 비만과 영양 과다, 병적 원인에 의한 성호르몬 분비 이상, 가족력, 환경호르몬 노출 등 다양하다. 환경호르몬에 다량 노출돼 성조숙증이 생길 순 있지만 그 가능성은 높지 않다. 둘 사이의 인과관계를 뒷받침하는 과학적 증거가 태부족하다는 것이 의료계의 중론이다.

인제대 상계백병원 소아청소년과 박미정 교수는 '발생과 생식' 2006년 10권에 발표한 논문(사춘기 조숙증의 기전 및 치료의 최신 지견)에서 "성조숙증을 보인 아이에서 환경호르몬인 DDE·PCB·PBB·프탈레이트의 혈중 농도가 정상아에 비해 높았다는 연구가 여럿 있다"고 소개했다.

자녀의 성조숙증이 염려된다면 플라스틱 소재 프탈레이트, 특히 DEHP에 덜 노출되도록 신경 써야 한다. 한국과학기술연구원 한은정 박사팀이 '분석과학과 기술(Analytical Science & Technology)' 2008년 21권에 게재한 연구 논문에 따르면 같은 환경호르몬이라도 비스페놀 A는 성조숙증과 연관성이 없거나 거의 없었던 반면 프탈레이트의 일종인 DEHP는 어느 정도 연관성을 보였다. 이는 8~11세 성조숙증 여아 50명과 정상 여아 50명의 혈액을 분석한 뒤 내린 결론이다. DEHP 등 프탈레이트가 성조숙증을 일으킨다는 것도 아직 정설은 아니다. 찬반양론이 있다.

연세대 강남세브란스병원 소아청소년과 김호성 교수는 대한내분비학회지 23권 3호(2008년)에 발표한 지상 강좌(성조숙증의 진단과 최신 치료 경향)에서 "사춘기 전 아이는 외부의 스테로이드에 매우 민감하다. 남성호르몬이나 여성호르몬 함유 물질, 예를 들면 피임약·로션·크림 등을 먹거나 바를 때, 에스트로겐에 오염된 고기를 먹을 때 성조숙증이 나타날 수 있다"고 설명했다.

자녀의 음식을 주로 담는 그릇이 DEHP 등 프탈레이트가 함유된 플라스틱 용기가 아니라면 성조숙증 우려는 기우(祈雨)일 수 있다. 그보다는 자녀가 너무 비만해지지 않도록 하고 자녀의 스트레스를 줄여주는 것이 효과적인 성조숙증 예방법이다. 강도 높은 운동은 사춘기를 지연시키지만 가정 내에서 스트레스를 많이 받는 아이일수록 사춘기를 빨리 맞는다. TV·인터넷을 통한 성적 자극도 성조숙증을 부를 수 있다. 뇌신경을 자극해 호르몬 분비에 영향을 주기 때문이다.

국내외에서 기형이 늘어나는 것도 환경호르몬 탓일 수 있다. 기형이란 발육 이상 상태로 태어난 어린이를 가리킨다. 태아기에 생리적 발육에 이상이 생기거나 정지하는 경우에 주로 발생한다. 심하면 유산이나 사산되는 사례가 많다.

기형의 발생 원인은 보통 내적인 요인과 환경에 의한 외적인 요인으로 나눌 수 있다. 정자·난자·수정란 등에 장차 기형을 발생시킬 만한 요인이 있는 것이 내적 요인이다. 염색체의 유전인자나 염색체 이상에 의한 유전성 기형도 여기 포함된다.

외적 요인으론 모체의 감염이 있다. 특히 엄마의 바이러스 감염은 아기의 기형 발생에 큰 영향을 미친다. 임신 도중 엄마가 풍진에 걸리면 선천성 심장기형·백내장·난청 등 기형이 생길 가능성이 높아진다. 톡소플라스마(Toxoplasma)증을 일으키는 병원체가 모체에 감염되면 태반을 통해 태아에게 옮겨 기형을 일으킨다. 이때는 뇌에 기형이 생기기 쉽다. 임산부가 매독에 걸려도 태반을 통해 태아에게 기형이 일어날 수 있다. 엄마의 영양 상태도 기형 발생과 관계가 깊다. 동물실험 결과 각종 비타민 결핍이나 비타민 A 과잉이 기형을 일으키는 것으로 나타났다.

전 세계적으로 기형아 출산에 가장 큰 영향을 주고 있는 것은 엽산 부족이다. 비타민 B군의 일종인 엽산은 임신 초기 태아의 뇌와 척수를 형성하는 데 중요한 역할을 한다. 산모에게 엽산이 부족할 경우 뇌가 없는 무뇌증이나 척수가 둘로 갈라지는 척추이분증이 생길 수 있다.

임산부가 다량의 방사선을 받아도 기형 발생 위험이 높아진다. 내분비장애나 질병, 특히 당뇨병에 걸린 산모는 사산아나 거대아 또는 기형아를 낳을 가능성이 높다. 엄마의 빈혈이나 태반의 부분 박리 등에 의해 태아가 산소 결핍에 빠져도 기형이 생긴다. 엄마가 탈리도마이드(thalidomide) 계통의 최면제·성호르몬제·코르티코스테로이드·안티사이로이드·마약 등의 약물을 잘못 복용해도 태아에 기형이 생기기 쉽다.

중증 여드름 치료약 성분인 이소트레티노인을 임신부가 복용하면 35%에서 기형이 발생한다. 대개 안면기형·신경결손·심장기

형 등을 유발한다. ACTH·코티손 등도 임신 중에 과용하면 신생
아에 선천성 기형이 생긴다. 납(鉛)중독도 태아에 뇌수종 등을 일
으키는 경우가 있다.

최근엔 임산부의 환경호르몬 노출이 기형을 부를 수 있다는
주장도 학계에서 제기됐다. 국내 신생아 100명 중 5.5명 기형아란
조사 결과가 나와 있다. 인하대병원 직업환경의학과 임종한 교수
팀이 2000~2010년 국내 7대 도시에서 출생한 40만 3250명의 건
강보험 진료비 청구서를 분석한 결과, 신생아 1만 명당 548.3명(남
아 306.8명, 여아 241.5명)이 선천성 기형을 갖고 태어났다. 신생아 100명
을 기준으로 하면 약 5.5명이 기형을 갖고 태어난 셈이다. 1993~
1994년에 출생한 아이의 기형 발생률은 100명당 3.7명(1만명당 368.3
명)으로 2000년 이후 출생아보다 낮았다.

선천성 기형 중 가장 흔한 것은 순환기계 질환(1만명당 180.8명)이
었다. 다음은 비뇨생식기 질환(130.1명), 근골격계 이상(105.7명), 소화
기계 이상(24.7명), 중추신경계 이상(15.6명) 순이었다.

연구팀은 국내에서 기형아 출산이 증가한 이유로 대기오염, 환
경호르몬 노출, 엽산 부족을 꼽았다. 환경호르몬의 과다 노출이
원인일 수 있는 기형은 요도 상·하열과 잠복고환이다. 각종 기형
질환 중 최근 들어 이 두 질환의 증가율이 가장 높았다.

소변이 나오는 요도 부위가 정상보다 위나 아래에 위치하는
요도 상·하열을 가진 기형아는 1993~1994년 1만명당 0.7명에서
2009~2010년 9.9명으로 14.1배나 증가했다. 요도하열은 소변이

나오는 요도 입구가 선천적으로 음경 끝부분에 있지 않고 정상보다 아래쪽에 있는 상태를 말한다. 남성이 앉아서 소변을 봐야 할만큼 요도 입구가 아래쪽에 위치한 경우도 있다. 선천성 기형 중에선 발생률이 높은 편에 속하는 질환이다.

고환이 음낭으로 완전히 내려오지 못한 잠복(정류)고환도 2.6명에서 29.1명으로 늘었다. 임산부가 비스페놀 A 등 환경호르몬에 노출되면서 호르몬 교란이 일어난 것이 잠복고환 등 생식기계 기형 발생의 원인이 됐을 수도 있다.

잠복고환은 신생아에게 그리 드물지 않은 질환이다. 특히 조산이나 저체중 신생아의 경우 20~30%에서 잠복고환이 나타난다. 음낭에서 고환이 만져지지 않는 잠복고환은 뚜렷한 원인을 찾기 힘들다. 방치하면 고환이 기능을 잃을 뿐만 아니라 고환암 발생 위험이 정상 고환에 비해 30배 이상 높아진다. 고환을 적절한 시기에 제자리로 돌려놓으면 생식이나 내분비 기능이 정상을 되찾을 수 있다.

4장
대물림

사람을 대상으로 한 환경호르몬의 유해성 연구는 힘들다. 무엇보다 사람을 일부러 환경호르몬에 노출시키는 것은 비윤리적이다. 몇 대에 걸친 장기적인 추적 관찰이 필요하다는 것도 환경호르몬이 인간에게 미치는 해악을 밝히기 힘든 이유다.

과학계에선 동물실험을 통해 환경호르몬의 대물림을 증명했다. 대표 사례가 2012년 내분비학 저널에 실린, 환경호르몬이 5대까지 대물림된다는 미국 버지니아 의대 연구팀의 논문이다. 연구팀은 교미 전과 임신기간에 암컷 생쥐에 환경호르몬인 비스페놀 A가 함유된 사료를 제공했다. 이 생쥐가 낳은 새끼는 정상 생쥐보다 '사회적 행동'이 굼떴다.

5대째 새끼도 정상 생쥐보다 비정상적으로 활발했다. 이들 생쥐에선 사회적 교감·안정감·애착·친밀감과 관련된 물질(옥시토신·바소프레신)이 정상 생쥐보다 적었다.

연구팀은 "임신기간에 낮은 농도라도 비스페놀 A에 노출되면, 뇌가 영향을 받아 사회적 행동장애가 생기고 이는 유전된다"는 결론을 내렸다. 환경호르몬 노출로 인한 신경학적 질환이 다음 세대로 대물림된다는 것이다.

미국 환경연구소(NIEHS)는 2014년 노스캐롤라이나 주립대학에 이와 거의 동일한 연구를 의뢰했다. 이 대학 생물과학부 연구팀도 비스페놀 A에 노출된 암컷 생쥐의 5대째 새끼에서 비정상적인 행동을 확인했다. 이 생쥐에서도 옥시토신과 바소프레신의 농도가 감소했다. 두 연구를 통해 환경호르몬의 유해성이 5대까지도 대물림된다는 사실이 증명됐다.

태국 치앙마이대학 연구팀은 태국에 트랜스젠더가 많은 이유를 환경호르몬에서 찾는 연구를 진행 중이다. 태국의 많은 남성 직장인은 뜨거운 찹쌀밥과 국을 비닐봉지에 넣은 도시락을 즐겨 먹는다. 비닐봉지에 포함된 프탈레이트 등 환경호르몬이 태국에 트랜스젠더가 많은 이유 중 하나가 아닐까 의심하고 있다.

환경호르몬으로 인한 악영향이 자손에게 전달된다는 것은 국내 연구를 통해서도 입증됐다. 임산부가 환경호르몬에 장기간 과다 노출되면 자녀의 생식능력이 떨어질 수 있음을 시사하는 동물실험 결과가 그것이다.

한양대 생명과학과 계명찬 교수팀이 임신기간에 환경호르몬인 프탈레이트의 일종인 DEHP에 노출된 생쥐와 DEHP에 노출되지 않은 생쥐의 새끼를 비교한 결과 환경호르몬 피해의 대물림이 확인됐다. DEHP에 노출된 어미가 낳은 딸 생쥐의 생식능력이 20% 가량 떨어졌다.

연구팀은 DEHP에 과다 노출된 어미로부터 태어난 딸 생쥐가 성숙하길 기다렸다가 이 새끼(시험관 아기 시술 때처럼)에 과(過)배란을 유도했다. 그 결과 비(非)정상 난자 수가 늘어난 반면 난자의 수정률은 20% 줄었다. 딸 생쥐의 질 경부는 정상(생후 33일)보다 5일 가량 일찍 열렸고 일반 생쥐에 비해 새끼의 무게도 20% 정도 적었다.

DEHP에 많이 노출된 어미가 낳은 딸 생쥐의 발정주기(사람의 생리주기에 해당)는 정상(약 5일)보다 0.8일(16%) 연장됐다. 이는 총 배란 횟수가 줄어 생식능력이 그만큼 떨어졌음을 의미한다. 연구팀은 임신 중 DEHP에 많이 노출된 어미가 낳은 딸 생쥐와 보통 수컷을 교미시킨 뒤 생식능력의 변화를 살펴봤다. 그 결과 일반 생쥐에 비해 딸 생쥐의 무게가 21% 가벼웠다.

연구팀은 동물실험 결과를 그대로 사람에게 적용하긴 힘들다는 점은 인정했다. 하지만 임신 중이거나 모유를 먹이는 기간에 환경호르몬인 DEHP에 노출된 엄마가 낳은 딸은 사춘기가 빠르고 나중에 생식능력이 떨어질 우려가 있다고 결론 내렸다.

미국 일리노이대학 수의학과 고제명 교수 연구에서도 임신기간에 환경호르몬인 프탈레이트에 다량 노출된 생쥐가 낳은 아들 생쥐의 불임률이 일반 생쥐보다 3배까지 높았다. 특히 프탈레이트 중 DEHP에 주로 노출된 어미가 낳은 아들 생쥐의 불임률은 최고 86%에 달했다. DEHP에 노출되지 않은 어미가 낳은 아들 생쥐의 불임률(25%)보다 3배 이상 높았다.

임신기간에 환경호르몬인 DEHP에 많이 노출된 어미가 낳은 아들 생쥐는 자주 불안해하고 기억력이 나빴다. 이는 엄마가 임신 중 환경호르몬과 자주 접촉하면 아들·딸의 생식능력은 물론 정서에도 악영향을 미칠 수 있음을 뜻한다.

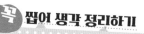

'**2부 환경호르몬이 몸에 미치는 영향**'에선 환경호르몬의 해악이 그려진다. 여성, 남성, 어린이 · 청소년 등 성별 · 연령별로 환경호르몬이 어떤 건강상 피해를 주는지 생각해 보자. 환경호르몬의 독성이 당대에만 미치는지, 자녀 세대 등으로 대물림되는지에 대해서도 따져 보자.

'**1장 여성**'에선 환경호르몬이 여성의 난임과 자궁내막증 등 질환에 어떤 영향을 미치는지를 보여준다. 그동안 환경호르몬의 건강상 피해는 대개 남성 성인에 초점이 맞춰져 연구돼 왔다. 생리대 유해성 논란에서 경험했듯이 환경호르몬은 여성의 건강에도 심대한 영향을 미칠 수 있다. 환경호르몬이 여성의 삶에 어떤 영향을 미치는지 점검해 보자. 만약 실험을 통해 생리대에 환경호르몬이 함유된 것으로 확인된다면 어떤 대책을 세울 수 있는지 논의해 보자. 저출산 시대를 맞아 여성의 난임이 우리나라 경제 · 정치 · 사회에 미치는 영향도 함께 생각해 보자.

'**2장 남성**'에선 환경호르몬이 남성의 정자 수 감소 등에 미치는 악영향이 소개된다. 남성의 고환암과 성기 기형에까지 영향을 미칠 수 있는 환경호르몬의 실체에 근접해 보자. 환경호르몬으로 인해 남성의 정자 수가 급감해 인간의 생식능력이 떨어진다면 미래에 어떤 일이 발생할 수 있는지 함께 예측해 보자.

'**3장 어린이 · 청소년**'에선 어린이 · 청소년이 왜 환경호르몬에 유독 취약한지가 설명된다. 환경호르몬이 어린이 세대에서 급증하고 있는 성조숙증 · ADHD · 아토피 등과 어떤 상관성이 있는지도 밝히고 있다. 환경호르몬이 어린이 · 청소년의 삶에 어떤 영향을 미치는지 점검해 보자. 환경호르몬으로 인해 성조숙증을 가진 어린이의 수가 크게 늘어난다면 그 여파가 어떻게 미칠지 함께 예상해 보자.

'**4장 대물림**'에선 환경호르몬의 해악이 다량의 환경호르몬에 노출된 사람에게 국한되는지, 아니면 그 자녀 세대에도 대물림되는지가 그려진다. 환경호르몬의 대물림과 관련된 다양한 동물실험 결과도 소개된다. 미래 세대의 환경호르몬 피해를 최소화하기 위해 우리가 어떤 행동을 취해야 할지 생각해 보자. 만약 환경호르몬이 대물림되는 것이 맞다면 현재의 환경호르몬 대책을 어느 정도 더 강화해야 할지 함께 토론해 보자.

세상의 모든 환경 호르몬

1장
환경호르몬의 종류

10여 년 전 큰 충격파를 던졌던 SBS의 '환경호르몬의 습격'에선 "플라스틱 밀폐용기에 담아 얼린 밥을 전자레인지에 몇 분간 데운 뒤 밥을 꺼내 시험한 결과 환경호르몬 물질의 하나인 DEHP가 검출됐다"는 내용이 방송됐다. 프탈레이트의 일종인 DEHP는 플라스틱 제품을 유연하게 하기 위한 가소제로 환경호르몬이다.

담당 PD는 밀폐용기 제조과정에서 다른 물질이 들어갔거나 용기 속의 밥 또는 밥이 되기 전의 쌀이 환경호르몬에 오염됐을 가능성 등이 있지만 DEHP 검출의 명백한 원인은 알 수 없다고 했다. 실험에 쓰인 플라스틱 용기에서 환경호르몬이 용출됐다고 단정 짓기 힘들고, 따라서 이 실험만으로 플라스틱 용기를 사용하는 것이 위험하다는 결론을 내릴 수 없다는 말이다.

방송에서 밀폐용기에 대한 용출(溶出) 실험을 생략한 채 밥만

꺼내 DEHP 검출 여부를 실험한 것도 문제로 지적됐다. 플라스틱 밀폐용기의 유·무해 여부는 용출 실험을 거쳐야 판정할 수 있다는 것이다. 용출 실험 결과 DEHP 용출량이 허용기준을 넘지 않는다면 일단 안전한 용기로 간주된다.

전 세계적으로 통일된 환경호르몬(내분비계 장애물질) 리스트는 없다. 환경호르몬 리스트 선정 작업은 WWF(세계야생기금)·EPA(미국환경보호청)·일본 후생노동성 등 여러 기관에서 수행하고 있다. 리스트에 포함된 물질도 대부분 내분비계 장애가 우려되는 물질일 뿐 내분비계 장애가 명확하게 증명되진 않았다. 민간단체인 WWF는 67종의 물질을 내분비계 장애물질로 분류했다. 일본 후생노동성은 160여 종의 물질을 내분비계 장애물질로 선정했다. 미국의 EPA가 내분비계 장애물질 리스트 선정 작업을 시도한 적이 있으나, 현재 주(state)마다 다양하게 관리되고 있다.

세계보건기구(WHO)는 2012년 176종의 화학물질을 환경호르몬으로 지정했다. 아직 환경호르몬의 내분비계 영향에 대한 국제적 합의와 과학적 근거가 부족하다. 특정 환경호르몬에 대해 규제를 본격적으로 실시하고 있는 나라도 찾기 힘들다. 환경호르몬(내분비계 장애 추정 물질)으로 공식 지정하려면 유해성 실험을 거쳐야 하는데, 국제 사회에서 인정한 유해성 시험법이 마련돼 있지 않아서다. 각 국가마다 사전 예방적 차원의 환경호르몬 규제는 하고 있다.

우리나라 환경부는 1999년 이후 환경 중 내분비계 장애물질 모니터링과 위해성 평가를 지속적으로 실시해왔다. 현재 국내에선 세계야생기금 목록에 근거해 모두 67종의 환경호르몬이 지정돼 있다.

국내에서 사용되지 않는 물질 16종을 제외한 51종 중 42종은 '유해화학물질관리법'에 의해 사용이 금지되거나 취급이 제한되고 있다. 그 근거인 '유해화학물질관리법'이 2015년 1월 1일부터 '화학물질 등록 및 평가 등에 관한 법률'과 '화학물질관리법'으로 변경됨에 따라 환경호르몬을 관리·규제하는 근거 법령도 새로운 두 법으로 이전됐다. 이 법에 따라 현재 펜타노닐류·비스페놀 A·디에틸헥실프탈레이트(DEHP)·디부틸벤질프탈레이트(DBBP) 등 4종의 물질이 관찰 물질로 지정돼 제조량·수입량·용도 등을 신고하도록 의무화돼 있다.

우리나라는 2006년부터 모든 플라스틱 재질의 완구와 어린이용 제품에 DEHP·DBP·BBP 등 3종을 사용하는 것을 전면 금지했다. 환경호르몬 의심 물질인 페닐파라벤도 화장품을 만드는 데 쓸 수 없다. 이 성분이 들어간 화장품을 국내에 들여올 수도 없다. 2014년에 EU는 5가지 종류의 파라벤(이소프로필파라벤·이소부틸파라벤·페닐파라벤·벤질파라벤·펜틸파라벤)이 함유된 화장품을 수입하지 못하도록 조치를 내렸다.

오늘날 환경호르몬으로 의심받는 물질은 한둘이 아니다. 벤조피렌·다이옥신·비스페놀 A와 DDT 등 유기염소계 농약, 수은·납·카드뮴 등 유해 중금속 등이 대표적인 환경호르몬으로 꼽힌다. 환경호르몬은 여러 유해화학물질의 '합(合)집합'인 셈이다.

DDT

DDT는 유기염소계 농약의 일종으로, 전 세계 여론의 주목을 처음 받은 환경호르몬이다. 폐경 후에 다량의 DDT에 노출되면 유방암 발생 위험이 높다는 주장이 나왔으나 현재는 DDT가 유방암을 특별히 증가시키지 않는다는 것이 학계의 중론이다.

DDT는 원래 자연에 존재했던 물질은 아니다. 오스트리아의 화학자 자이들러가 1874년에 처음 합성에 성공한 화학물질이다. 당시엔 DDT에 살충효과가 있는지도 몰랐다. 살충효과가 밝혀진 것은 훨씬 훗날의 일이다.

DDT 같은 화학적인 살충제가 개발되기 이전엔 국화과의 다년생 화초인 제충국(除蟲菊)이 모기를 죽이는 향불과 천연 농약으로 사용됐다. 제충국은 양도 적고 가격이 비싸 일반에 대량 공급되기 힘들었다. 1939년 제2차 세계대전이 발발하자 제충국 원료의 공급은 더욱 어려워졌다.

살충제로 사용된 DDT 역시 환경호르몬

스위스의 염료 회사 가이기 연구소에서 살충제를 연구하던 뮐러는 제충국과 유사한 성분의 화학물질을 찾던 중, DDT란 합성물질이 곤충의 신경을 마비시키는 성질을 갖고 있다는 사실을 발견했다. 그는 1941년 DDT를 살충제로 특허 출원했다. DDT는 바로 이듬해 출시돼 전 세계적으로 광범위하게 사용됐다.

2차 세계대전 당시 남방전선 등 열대 지역 전장에서 말라리아 등 각종 감염병에 시달리던 미군에게 DDT는 매우 유용하고 소중한 존재였다. 1942년 말 독일군과 이탈리아군에 둘러싸인 스위스의 가이기 회사로부터 미국이 DDT의 샘플과 자료를 입수하는 일은 어느 중요한 군사작전보다도 더 비밀스럽게 진행됐다. 이 작전의 성공 덕분에 DDT는 수많은 병사의 생명을 구했다.

싼 가격으로 대량 생산됐던 DDT는 전쟁 이후엔 살충용 농약으로도 널리 보급됐다. DDT의 새 용도 발명자인 뮐러는 말라리아 모

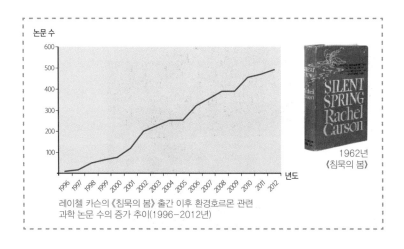

1962년
《침묵의 봄》

레이첼 카슨의 《침묵의 봄》 출간 이후 환경호르몬 관련
과학 논문 수의 증가 추이(1996~2012년)

기 퇴치 등의 공로를 인정받아 1948년 노벨생리의학상을 받았다.

세계 각국이 DDT를 남용하면서 환경에 대한 유해성과 부작용 문제 등이 제기됐다. 미국의 생물학자이자 작가였던 레이첼 카슨은 1962년에 출간한 저서《침묵의 봄(Silent Spring)》에서 DDT의 유해성을 집중 거론했다. 인류를 구한 기적의 살충제에서 환경문제의 원흉으로 새롭게 지목됐다.

DDT가 인체에 큰 피해를 입히지는 않지만 곤충·조류 등 각종 동물에 DDT가 축적돼 생태계를 파괴한다는 점이 인정되면서, 결국 1970년대 이후 세계 대부분의 국가에서 DDT를 농약으로 사용하는 것을 금지했다. DDT는 1976년 국내에서도 생산 금지됐다.

염소가 포함된 농약인 DDT는 지방에 잘 녹기 때문에 인체에 들어오면 지방과 섞여 체내에 오래 잔류하게 된다. DDT가 잔류하는 음식을 장기간 섭취하면 체내 농축 현상에 의해 DDT의 양이

작은 어류
(DDT 0.5ppm)

매
(DDT 25ppm)

큰 물고기
(DDT 2ppm)

동물 플랑크톤
(DDT 0.04ppm)

물
(DDT 0.000003ppm)

생물 농축을 통해 환경호르몬인 DDT는
인체엔 물보다 거의 1000만 배 농축된다.

계속 늘어나면서 건강에 악영향을 미치게 된다. 인체에서 DDT는 부신·고환·갑상선 등에 주로 축적된다. 사람에게 DDT는 지각 장애·경련·뇌종양·뇌출혈·고혈압 등을 유발한다.

2017년 달걀 살충제 파동이 진행되는 도중 DDT 달걀 이슈가 터지면서 난데없이 DDT가 다시 국내에서 주목 받았다. DDT는 유기염소계 농약을 대표한다. 유기염소계 농약이란 염소(Cl) 성분이 포함된 농약을 말한다. 자연계에서 잘 분해되지 않고 생물의 지방 조직에 쌓인 채 장기간 머무는 것이 염소 포함 농약의 특징이다.

DDT 외 유기염소계 농약도 1940년대부터 도입돼 널리 사용되다가 환경 내 잔류성과 생태계 독성이 알려지면서 1970년쯤부터 선진국에서 사용을 중단하기 시작했다. 일부 유기염소계 농약은 경제적인 이유로 아시아와 아프리카 개발도상국에서 여전히 사용되고 있다.

DDT 등 염소가 포함된 농약은 사람의 몸 안이나 환경에 오래 잔류해 지금도 인체·토양 등에서 검출되고 있다. 경북대 의학전문대학원 예방의학교실 이덕희 교수팀은 40세 이상 경북 울진군 주민 중 대사증후군 환자 50명과 정상인 50명을 대상으로 설문조사와 신체 계측, 혈액검사(8종의 유기염소계 농약 혈중 농도 등)를 실시했다. 유기염소계 농약에 만성적으로 노출된 사람은 대사증후군 위험도가 높았다는 것이 이 연구의 결론이었다. 연구팀은 이 연구 결과를 '대한예방의학회지' 2010년 2월호에 발표했다.

연구팀은 조사 대상자를 유기염소계 농약의 혈중 농도에 따라

3개 그룹(낮음·중간·높음)으로 나눈 뒤 대사증후군·당뇨병과의 연관성을 비교 평가했다. 결과적으로 유기염소계 농약의 혈중 농도가 높을수록 대사증후군의 위험이 커지는 경향을 보였다. 연구팀은 환경 내 잔류성이 높은 유기염소계 농약 등 유기오염물질에 만성적으로 노출되면 대사증후군·당뇨병 등 비만 관련 질환에 걸릴 위험이 커질 수 있다고 경고했다.

유기염소계 농약은 환경 내에서 분해가 거의 되지 않은 채 생태계의 먹이사슬을 통해 축적되는 것이 특징이다. 현재도 우리는 음식을 통해 DDT 등 유기염소계 농약을 극소량이나마 지속적으로 섭취하고 있다.

벤조피렌

2012년 10월 라면 수프에서 검출된 벤조피렌은 세계보건기구(WHO)와 국제암연구소(IARC)가 1군 발암물질로 분류한 물질이다. 1군은 사람에게 암을 일으키는 것으로 확인된 발암물질이다.

벤조피렌을 수십 년간 일정 농도 이상으로 섭취하면 암(특히 위암)에 걸릴 수 있다는 말이다. 단기간에 벤조피렌을 다량 섭취하면 적혈구가 파괴돼 빈혈이 생기고 면역력이 떨어지는 것으로 알려졌다. 임산부가 벤조피렌에 과다 노출되면 태아에게도 나쁜

식품을 가열하는 과정에서
생기는 벤조피렌

영향을 미친다. 벤조피렌은 발암물질 리스트는 물론 환경호르몬 리스트에도 포함되는 유해화학물질이다.

현대인이 벤조피렌을 전혀 먹지 않고 살기란 불가능한 일이다. 벤조피렌은 식품을 조리(가열)하는 과정에서 필연적으로 생성되는 물질이기 때문이다. 특히 숯불구이 등 직화할 때 많이 생긴다. 튀김·볶음 요리 시에도 발생한다. 일부 가공식품에도 들어 있다. 원료(특히 지방이 풍부한 식품)를 열처리하는 과정에서 생긴 것이다.

숯불구이·스테이크·훈연(燻煙)식품 등 가열한 육류, 생선·건어물·표고버섯 등의 탄 부위, 커피 등 볶은 식품에서 주로 검출된다. 지방이 풍부한 식품을 열처리하는 과정에서도 발생한다.

공기 중에 오염돼 있던 벤조피렌이 식품으로 넘어오기도 한다. 담배 연기·자동차(특히 디젤차)의 배기 가스·쓰레기 소각장 주변에서 배출되는 벤조피렌이 그 주변의 식품을 오염시키는 것이다.

고속도로 주변에서 자란 콩으로 만든 콩기름의 벤조피렌 검출량이 차량 통행이 드문 곳에서 재배한 콩으로 제조한 콩기름보다 2~3배 높다는 연구 결과도 나왔다.

음식 등 생활환경에서 벤조피렌을 완전 추방하려면 화식(火食)을 포기하고 대기오염이 거의 없는 청정지역으로 주거지를 옮겨야 한다. 또한 벤조피렌 섭취를 최대한 줄이려면 삼겹살·숯불구이·바비큐·스테이크 등 고기를 불에 직접 구워 먹는 횟수를 줄여야 한다. 고기의 지방 성분과 불꽃이 직접 접촉할 때 벤조피렌이 가장 많이 발생하기 때문이다.

고기는 석쇠보다 두꺼운 불판이나 프라이팬에 굽는 것이 벤조피렌 생성을 줄이는 데 효과적이다. 숯불 대신 프라이팬에 구우면 벤조피렌 발생량이 100분의 1 정도로 감소한다. 가열·조리 시간을 최대한 짧게 하는 것도 벤조피렌 생성을 줄이는 방법이다.

고기가 불에 타서 검게 그을린 부위엔 벤조피렌이 들어 있을 수 있으므로 탄 부위는 반드시 잘라내고 먹는다. 기름에 튀기거나 볶은 음식의 섭취도 최대한 줄인다. 고온으로 튀기거나 볶을 때 벤조피렌이 생기기 때문이다.

소시지·철면조 고기 등 훈연한 식품에서도 벤조피렌이 검출된다. 소시지나 햄을 프라이팬에 구워 먹는 것은 자제해야 한다. 이 과정에서도 벤조피렌이 생기기 때문이다.

되도록 열을 가하지 않는 방법으로 제조한 식용유를 사용하는 것도 유효하다. 콩기름·엑스트라 버진(최고급 올리브유) 등에서는 벤조피렌이 거의 검출되지 않는다. 깨나 들깨를 볶아 식용유를 만들면 벤조피렌이 생긴다. 간혹 정제 올리브유인 포마스와 옥수수 기름에서 벤조피렌이 검출돼 식용 부적합 판정을 받는 것도 이런 식용유를 제조할 때 가열과정을 거치기 때문이다.

벤조피렌의 위험에서 벗어나려면 우리 선조가 고안한 건강 조리법인 삶기·찌기를 적극 활용하는 것도 좋다. 삶거나 찐 음식에선 벤조피렌은 물론 감자튀김 등 튀김 식품에서 나오는 발암 의심 물질인 아크릴아미드도 거의 검출되지 않는다.

금연도 중요하다. 담배 한 개비를 피울 때 나오는 벤조피렌의 양은 콩기름을 사용해 5분간 튀김을 했을 때와 거의 같다.

파라벤

파라벤(paraben)은 1920년대 미국에서 개발됐다. 미생물 성장 억제, 보존기간 연장 등을 위해 식품·화장품·의약품 등에 널리 쓰인다. 세균(박테리아)·곰팡이 등 각종 미생물을 죽이는 뛰어난 항균 작용 덕분이다.

파라벤은 과일·채소·딸기·치즈·식초 등 천연재료에도 들어 있다. 몸속에 들어오면 가수분해를 거쳐 대사된 후 빠르게 소변으로 배설되기 때문에 체내에 잘 쌓이지는 않는다.

파라벤과 같은 방부제가 일체 없는 세상은 어떨까? 1주일 전에 산 치약을 칫솔에 묻히는 순간 곰팡이가 눈에 띄어 칫솔질을 포기하거나 새 치약을 구입해야 할 것이다. 물기가 많은 곳에 놓인 면도용 겔이나 샴푸엔 금세 곰팡이가 필 것이다. 아기의 엉덩이를 닦기 위한 물티슈도 곰팡이 투성이가 될 것이다.

보습제·바디로션 등 화장품은 냉장고에 넣어 보관해야 한다. 기침 해소용 시럽·위산과다 치료약·해열제·통증 치료제·항생제 등 약도 지금처럼 2년씩 두고 사용하는 것은 상상할 수도 없을 것이다. 파라벤 같은 방부제를 사용하지 않으면 곰팡이와 세균이 제 세상을 만난 듯 활동하기 때문에 예상되는 일이다.

파라벤의 공과(功過)를 잘 따져볼 필요가 있다. 파라벤은 1920년 중반 약에 처음 첨가된 이래 이미 100년 가까이 사용해온 물

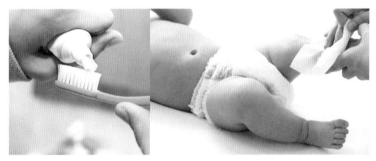
치약과 아기 물티슈에 방부제 역할을 위해 들어가는 파라벤

질이다. 이처럼 오래 사용된 것은 가격이 싼 데다 방부 효과가 뛰어나며 향이 없고 변색이 되지 않는다는 장점 때문이었다. 가격이 싸면서도 오래 변질되지 않는 치약·화장품·약·식품 등 생활용품을 우리가 사서 사용할 수 있도록 한 것도 파라벤의 공(功)이다.

과(過)도 있다. 처음엔 파라벤이 알레르기를 유발할 수 있다는 것이 문제가 됐다. 파라벤이 화장품 분야에서 먼저 안전성 논란에 휩싸인 것은 접촉성 피부염·알레르기성 습진 등 피부질환을 일으킬 수 있다는 연구 결과가 나와서다. 파라벤에 의한 접촉성 피부염 발생률 조사 결과는 연구자마다 크게 달랐다(0~4.2%).

현재 국내에서 화장품 제조에 쓸 수 있는 파라벤의 종류는 메틸파라벤·부틸파라벤·에틸파라벤·이소부틸파라벤·이소프로필파라벤·프로필파라벤 등 모두 6가지다. 단일 파라벤을 사용하면 0.4%, 혼합해서 쓰면 0.8%까지 첨가할 수 있도록 사용한도가 정해져 있다.

화장품에 자주 포함되는 파라벤은 메틸파라벤·프로필파라벤·부틸파라벤이다. 일반적으로 하나 이상의 파라벤이 화장품에 사용되고 다른 종류의 보존제와 같이 첨가된다. 파라벤의 혼용은 낮은 농도로만 허가됐다. 파라벤이 포함된 화장품은 메이크업 제품·보습 제품·헤어케어 제품·면도용품 등이다. 주요 화장품 브랜드는 데오도란트와 땀 억제제에 파라벤을 사용하지 않는다. 소비자에게 소매로 팔리는 화장품에 대해서는 법으로 라벨에 파라벤 성분을 표기하도록 의무화하고 있다.

식품의약품안전처는 화장품 안전관리 강화 차원에서 2015년 1월부터 페닐파라벤과 클로로아세타마이드 등 2개 살균·보존제 성분을 화장품 만드는 데 쓸 수 없도록 했다. 이들 성분이 들어간 화장품은 국내에 들여올 수도 없다. 기본적으론 파라벤은 식품·의약품·화장품·의약외품 등에서 기준 이내로 사용될 경우 안전성이 확인된 물질이다. 기준치 이하로 사용하더라도 몸에 축적돼 위험하다는 일부 주장도 있다.

파라벤은 오랫동안 가격이 싸고 안전한 물질로 간주돼 왔다. 90여 년간 특별한 문제없이 광범위하게 사용되던 파라벤은 영국의 리딩(Reading) 대학에서 보고한 유방암과 파라벤의 연관성에 대한 논문으로 이슈가 됐다. 이 논문은 파라벤이 여성호르몬인 에스트로겐과 유사한 구조를 갖고 있어 우리 몸에 흡수될 경우 유방암 발생 위험을 높일 수 있으며, 실제로 유방암 환자의 유방조직에서 파라벤이 검출됐다고 주장했다.

유방암 발생엔 환경·유전적 요인 외에도 여성호르몬 노출기간이 매우 중요한 역할을 한다. 여성호르몬인 에스트로겐에 노출된 기간이 길수록(초경이 빠르고, 폐경이 늦고) 임신기간이 짧을수록 유방암의 발생 확률은 높아진다. 이론상으론 에스트로겐과 유사한 구조를 가진 파라벤에 노출된 양과 기간이 길수록 유방암의 발생 확률은 높아지게 된다. 그러나 정확히 어느 정도의 파라벤 양과 기간이 유방암과 연관이 있는지에 대한 연구는 부족하다.

유방암 발병엔 파라벤이란 단일 요인 외에도 수많은 원인이 복합적으로 작용한다. 환경오염·유해화학물질·비만·생활습관 등이 대표적인 원인으로 기론되지만 한 가지만 콕 집어 단정할 순 없다. 파라벤의 장기적 사용의 유해성에 대해선 아직까지 밝혀진 바가 없다. 파라벤은 화장품 유해성 논란의 핵심이다. 최근 일부 화장품 브랜드가 무(無) 파라벤 제품임을 부각하며 어필하는 이른바 무 마케팅을 벌이고 있지만 이는 파라벤의 유해성이 입증돼서가 아니다.

일부에서 파라벤의 유방암과 고환암 유발 가능성이 제기되고 있지만 세계보건기구(WHO) 산하 국제암연구소(IARC)의 발암물질 목록엔 파라벤이 들어 있지 않다. 미국 식품의약청(FDA)과 EU 소비자안전과학위원회(SCCS)도 파라벤에 대해 '소비자가 우려하지 않아도 된다'는 입장이다. 미국 국립암연구소(NCI)도 "현 단계에서 파라벤이 유방암을 일으킨다고 볼 만한 결정적 증거가 없다"고 발표했다. 환경호르몬으로 판단할 만한 과학적 근거가 아직 부족하다는 것이 세계보건기구의 입장이다.

동물실험에 따르면 파라벤의 에스트로겐 활성(환경호르몬 성질)은 약하다. 부틸파라벤의 에스트로겐 활성 효과는 실제 여성호르몬인 에스트라디올의 10만분의 1에 불과한 것으로 알려졌다.

현재까지는 파라벤을 완벽하게 대체할 만한 물질이 없다. 파라벤이 들어 있지 않다는, 이른바 '파라벤 프리(free)' 제품도 시판되고 있다. 파라벤 프리 제품엔 식물에서 유래된 에틸헥시글리세린이나 녹차에서 얻은 페녹시에탄올 등이 들어 있다.

파라벤 프리 제품의 제조 회사는 '천연(natural)이어서 안전하다'는 논리를 내세우지만 '천연=안전'이란 공식은 성립되지 않는다. 페녹시에탄올은 방부 효과가 그다지 높지 않아 파라벤과 비슷한 효과를 얻기 위해선 3~4배 이상의 양을 사용해야 한다. 독성도 파라벤의 2배 이상이다.

한때 방부제를 대표하던 포름알데히드(포르말린)를 수십 년에 걸쳐 대체한 것이 파라벤이다. 현재 개발 중인 파라벤 대체물질이 파라벤보다 더 안전할지는 아무도 장담할 수 없다.

다이옥신

다이옥신은 인류가 만든 최악의 독물로 '죽음의 재'로 통한다. 다이옥신은 원래 자연계에 존재하던 물질은 아니다. 특정 목적을 갖고 인위적으로 만들어낸 물질도 아니다. 우연히 발견됐다. 환경에 방출된 다이옥신은 매우 안정된 상태로 존재하고, 분해는 매우

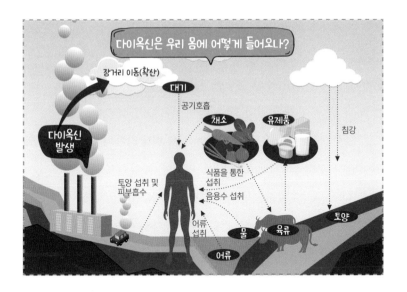

느린 속도로 진행된다.

다이옥신도 생물농축이 일어나기 때문에 미량이라도 생체 내에서 장기간 축적되면 인체에 악영향을 미치게 된다. 체내에 들어간 다이옥신은 발암성·최기형성·유전독성을 나타낸다. 다이옥신의 독성은 노출된 지 수십 년이 지난 후부터, 즉 1대나 2대 후에도 나타난다. 일단 증상이 시작되면 회복이 힘든 피해를 일으킬 수 있다.

다이옥신은 독성이 매우 높다. 청산가리의 1만 배에 달할 정도의 맹독성 물질이다. 대기 중에 방출된 다이옥신은 빗물에 섞여 물과 토양을 오염시킨다. 오염된 토양에서 자란 채소나 풀을 먹은 가축을 통해 인체에 들어오게 된다.

다이옥신이라고 하면 먼저 떠올리는 단어가 고엽제^{(식물의 잎을}

떨어뜨리는 약)다. 고엽제엔 다이옥신이 함유돼 있다. 미국의 질병통제센터(CDC)가 2007년 발표한 보고서에 따르면 베트남전 참전 미군(646명)의 혈중 다이옥신 농도는 다른 지역에서 복무한 퇴역 미군(97명)과 별 차이가 없었다.

다이옥신의 비극은 세베소(Seveso)란 이탈리아의 소도시에서도 일어났다. 1976년 세베소 주변에 위치한 농약회사(ICMESA사)가 사고로 다이옥신 12kg을 누출시킨 사건이다. 수많은 동물이 죽었지만 주민 피해는 예상 외로 적었다. 사망자도 기형 유발도 없었다. 염소여드름(chloracne) 정도가 눈에 띄는 증상이었다. 염소여드름이란 병명이 붙은 것은 다이옥신이 유기염소계 농약처럼 염소가 함유된 화합물이어서다.

이 여드름은 한때 '유셴코 여드름'이라고 불렸다. 우크라이나 유셴코 대통령의 얼굴이 2004년 대통령 선거 도중 오렌지 껍질처럼 변했기 때문이다. 검사 결과 그의 혈중 다이옥신 농도는 정상인의 1000배에 달했다. 자연스럽게 '다이옥신 정치 테러'란 소문이 돌았다.

다이옥신은 국제암연구소(IARC)가 1군 발암물질 리스트에 포함시킨, 증명된 발암물질이다. 인공적으로 합성한 물질 중 최강의 독성을 지닌 것으로 알려졌다. 실제 사람에 미치는 피해는 악명만큼 대단하진 않았다.

우리가 알고 있는 다이옥신의 독성이 동물실험을 통해 밝혀진 것이어서 실제 독성보다 부풀려졌다고 주장하는 학자도 많다. 사

돼지 비계, 치즈, 우유 등 지방이 많은 식품에 오염도가 높은 다이옥신

람은 동물보다 다이옥신에 대한 감수성(민감도)이 훨씬 낮을 수 있다는 것이다.

아무튼 다이옥신은 최대한 적게 섭취하는 것이 상책이다. 다이옥신 섭취를 최소화하려면 다이옥신이 지방과 각별히 친하다는 (lipophilic) 사실을 기억해야 한다. 다이옥신 외에 PCB·유기염소계 농약 등 염소 성분이 함유된 유해물질은 지방조직에 축적된다. 지방 친화성이 있다는 것은 사람이나 동물의 체내에서 장기간 잔류한다는 것을 뜻한다. 등 푸른 생선·돼지비계·쇠기름·닭 껍질·치즈·우유 등 지방이 많은 식품의 다이옥신 오염도가 상대적으로 높은 것은 그래서다.

국내에 수입된 벨기에산(1999년)·칠레산(2008년) 돼지고기에서 다이옥신이 기준치 이상 검출됐을 때 정부가 "돼지고기 삼겹살의 섭취를 줄이거나 비계를 떼고 먹으라"고 권장한 과학적 근거가 바로 이것이다.

다이옥신에 대해 일반인이 흔히 하는 오해는 다이옥신을 한 가지 유해화학물질로 취급하는 것이다. 다이옥신은 210가지 물질을 통칭하는 용어다. 다이옥신류라고 해야 옳다. 다이옥신류 중엔 TCDD처럼 독성이 아주 강한 '독종'과 독성이 아예 없거나 TCDD의 수천 분의 1밖에 안 되는 '허당'도 있다.

일반인은 다이옥신이 대부분 오염된 공기를 통해 몸 안에 들어온다고 오인한다. 그래서 소각로 주변은 늘 다이옥신 분쟁으로 시끄럽다. 다이옥신은 소각로 인근 주민의 문제만은 아니다. 우리가 매일 섭취하는 다이옥신의 97%는 음식에서 얻는다.

PCB

PCB(Poly Chlorinated Biphenyl)는 절연성·불연성이 뛰어나 변압기·축전기 등 다양한 전기장치의 냉각제와 윤활제로 널리 사용해 온 물질이다. 미국에선 PCB가 환경에 축적돼 사람에게 병을 일으킨다는 사실이 알려지자 1977년 10월 PCB의 제조를 금지시켰다.

PCB는 오염된 음식·공기와 피부 접촉을 통해 우리 몸속으로 들어온다. 사람이 PCB에 노출되는 가장 흔한 경로는 PCB에 오염된 물에 사는 생선이나 조개를 먹는 것이다.

거의 대부분의 사람이 몸속에 소량의 PCB를 갖고 있다. PCB는 동물실험에서 간과 피부를 손상시키고 생식·발생에 이상을 일으켰다. 암도 유발했다.

PCB는 현재 생산되지 않고 있지만, 오래전에 만들어진 변압기(변압기의 수명은 30년 이상)와 축전기엔 여전히 PCB가 포함된 용액이 들어 있다. PCB는 아직도 우리 생활 곳곳에 존재한다. 특히 PCB

를 포함하는 쓰레기나 폐품(오래된 형광등 설비, PCB 사용이 중단되기 전에 만들어진 PCB 축전기를 지니는 전기 장치)을 허가된 매립지에 버리지 않고 일반 매립지에 버린 경우 환경으로 PCB가 방출된다. PCB 변압기를 수리하면서 부주의로 인해 PCB에 직접 노출된 사람도 있다.

TBT

유기주석화합물 중 독성이 가장 강한 것이 TBT(tributyltin)다. 각종 유기주석화합물을 성게에 노출시킨 독성 실험에서 TBT의 독성이 가장 큰 것으로 나타났다. TBT는 주로 부착방지용 페인트에 사용된다. 보통은 부착방지 효과를 높이기 위해 TPhT(triphenyltin)와 함께 쓴다.

부착방지제로 사용되는 TBT는 페인트에 포함돼 있다가 페인트칠 후 서서히 용출되면서 각종 해양 부착생물이 선박 바닥에 달라붙지 못하게 한다. TBT는 부착성 생물뿐만 아니라 근처에 있는 비표적생물(non-targeting organism)의 건강에도 악영향을 미친다. 생태계를 교란시키는 것이다.

TBT로 인한 생태계 교란 현상은 1980년대 초 영국과 프랑스에서 참굴의 패각 기형과 개체 수 감소 현상을 통해 처음 증명됐다. 프랑스의 아카숑만에서 연간 1만 5000t에 달했던 굴 생산량이 급감한 원인을 추적하다가 요트 정박지·조선소에서 만으로 흘러나온 TBT에 혐의를 뒀다.

프랑스 정부는 1982년부터 선체 길이 25m 이하의 소형 선박

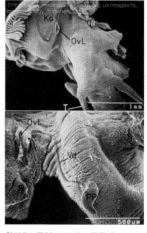

환경호르몬인 TBT가 고둥류에
미치는 영향

에서 TBT의 사용을 규제했다. 이
덕분에 수년 후 아카숑만의 TBT
농도가 감소했다. 자연스럽게 굴 생
산량도 회복됐다.

TBT가 고둥 등 복족류의 임
포섹스를 일으키는 것이 밝혀지면
서 임포섹스는 TBT 오염의 생물지
표로서 활용되고 있다. 임포섹스
(imposex)란 복족류의 암컷에 수컷
의 생식기관인 페니스가 생겨나는
현상이다.

임포섹스 현상은 1969년 영국
의 플라이마우스(Plymouth)에 서식
하는 유럽옆주름고둥(dogwhelk) 암컷에서 처음 발견됐다. 항구와
같이 선박 활동이 활발한 지역에선 유럽옆주름고둥의 임포섹스가
눈에 띄게 증가했다. 항구에서부터 거리가 멀어질수록 임포섹스
발견율이 감소했다. 이후 많은 학자에 의해 선박 활동이 활발한
곳에서 임포섹스의 발생률이 높다는 사실이 입증됐다.

임포섹스로 인해 암컷 고둥엔 페니스와 함께 수정관이 생긴다.
과대 성장한 수정관이 음문을 막아 알의 방출이 불가능해진다.
결국 임포섹스로 인해 암컷은 불임 상태가 된다. 이는 고둥의 개
체 수가 급격하게 감소하는 원인으로 작용한다.

TBT의 사용을 규제한 후 고동의 개체 수가 회복됐다. 이는 TBT가 독성물질이란 결정적인 증거가 됐다.

중금속

납·수은·카드뮴 등 유해 중금속은 환경오염물질이자 환경호르몬이다. 유해 중금속은 농약(잡초 제거)·동물용 항생제(가축 체중 증량)처럼 특정 목적을 위해 일부러 사용하는 물질이 아니다.

우리 인간이 바다·강·토양 등 환경을 오염시킨 결과일 뿐이다. 낙지·문어 등 식품에 카드뮴 등 중금속이 소량 들어 있는 것은 불가피한 측면이 있다.

일반적으로 중금속은 폐수·매연·하수·폐기물·황사·미세먼지

매연, 황사 등에 들어 있는 중금속

등에 들어 있다. 환경에 노출된 중금속은 대기·토양·수질 등 환경을 더욱 오염시킨다. 중금속은 먹이사슬을 통해 농축된 뒤 최종적으로 사람의 몸에 흡수·축적된다. 몸에 쌓인 유해 중금속은 다양한 만성 중독을 일으킨다.

소비자는 식품에 중금속이 기준치 이상 들어 있다고 하면 겁부터 낸다. 2005년 9월 국정감사에서 한 국회의원이 중국산 김치에서 0.12~0.57ppm(mg/kg)의 납이 검출됐다고 폭로하자 김치 소비가 급감했다. 김치 종주국으로서 한국의 위상도 흔들렸다. 2010

년 10월에 발생한 낙지 머리 카드뮴 사건 때도 당시 제철을 맞은 낙지 판매가 크게 위축돼 큰 사회적 대가를 지불했다.

중금속에 대한 정확한 정의는 없다. 국제순수응용화학연합(IUPAC)에서도 중금속에 대한 국제규격은 없다는 입장이다. UN 산하기관인 국제식품규격위원회(CODEX)는 식품 오염물질과 허용기준을 제정하면서 중금속(heavy metal)을 적용대상에 포함시켰다.

중금속(重金屬)은 이름 그대로 무거운 금속이다. 학술적으론 비중이 4.0 이상인 금속류를 의미한다. 일반적으로 인체 내로 흡수됐을 때 잘 배출되지 않고 잔류하며 만성적으로 인체에 유해한 작용을 하는 금속을 뜻한다.

중금속이라고 해서 모두가 유해한 것은 아니다. 철·구리·아연·코발트·셀레늄 등 인체의 생리작용에 유용한 것도 있다. 이들은 필수 중금속(미량무기질)이라 한다. 필수 중금속 중에도 흡수된 양이 지나치게 많으면 유해한 작용을 하는 것도 있다.

중금속의 체내 흡수율은 신생아가 가장 높고 나이가 들수록 빠르게 감소한다. 신생아의 중금속 흡수율은 성인의 100배에 달한다.

인체가 중금속에 중독되면 신경 손상·발암·불임·실명 등 다양한 건강 장애를 유발한다. 식품위생법에선 유해 중금속이 식품에 과도하게 오염되는 것을 막기 위해 일부 식품에 대해 허용기준을 정해 놓고 있다. 현재까지 알려진 중금속 제거법은 흡착제를 이용하거나 석회석 등으로 흡착해 제거하는 것이다. 환경에 존재하는 중금속은 줄일 수 있으나 인체에 들어와 쌓인 중금속은 제거가 거의 불가능하다.

납

요즘도 식품에서 납이 검출됐다는 뉴스가 잊을 만하면 나온다. 페인트·휘발유·건전지 등에 포함된 납, 폐광 지역에서 흘러나오는 납 등이 식품을 오염시키기 때문이다. 과거엔 통조림의 이음새·도자기 유약·도관 등에 납을 사용했지만 지금은 쓰지 않는다.

재배지인 토양(환경)에 납이 오염돼 있다면 채소·과일·곡류에 납이 극소량이라도 들어 있게 마련이다. 납은 자연 중에 늘 존재하며, 환경에 노출돼도 독성이 사라지지 않는다.

납은 체내 흡수율이 낮다. 섭취된 납의 약 10%만 흡수되는 것으로 알려졌다. 국제암연구소(IARC)의 발암성 분류에서 납은 2B군에 속한다. 동물실험을 통해선 납과 암의 연관성이 확인됐다는 의미다. 납은 유기납과 무기납으로 분류된다. 유기납은 90% 이상 체내에 흡수돼 중독 증상을 나타낸다. 무기납은 성인에게는 거의 흡수되지 않는다. 영·유아에게는 40~50%가 흡수된다.

납중독은 노인과 어린이에게 특히 위험하다. 납은 칼슘과 화학적 성질이 비슷해 주로 뼈에 축적된다. 나이 들면 뼈에 저장돼 있던 납이 혈액으로 빠져 나와 빈혈·행동장애·기억력 상실·신부전·사망 등을 유발한다. 식품 중 납이 가장 많이 검출되는 것은 수산물이다.

수은

수은은 무기수은과 유기수은이 있다. 식품안전에서 더 문제되는 것은 유기수은이다. 강·바다·토양 등 생태계로 유출된 무기수은은 환경을 오염시킨다. 바다·호수에 소량의 수은이 오염돼 있어도 먹이사슬을 통해 플랑크톤 → 작은 어류 → 큰 어류로 올라가면서 수은이 농축된다. 생선의 체내엔 대개 메틸수은 등 유기수은의 형태로 쌓인다. 생선 체내의 메틸수은 농도는 물속 농도의 100만 배에 달한다.

임산부·어린이에게 대형 생선의 섭취를 제한하라고 권장하는 것은 메틸수은이 많이 들어 있다고 봐서다. 무기수은과 유기수은의 독성 차이는 크지 않다. 무기수은은 휘발·배설이 용이한 반면 유기수은은 생물에 쉽게 농축된다. 유기수은은 장관에서의 흡수율이 95%에 달한다. 무기수은의 장관 흡수율은 10% 정도다.

유기수은 중독의 대표 사례가 미나마타병이다. 1953년 일본 미나마타만 상류의 아세트알데히드(acetaldehyde) 합성공장에서 촉매로 사용했던 염화제2수은이 폐수로 방류된 뒤 뻘 속의 혐기적 조건에서 메틸수은으로 전환된 것이 사고의 원인이었다. 이 사고로 1989년까지 900여 명이 숨졌다.

카드뮴

유해 중금속의 일종인 카드뮴도 환경호르몬으로 분류된다. 카드뮴으로 인한 대표적인 환경병이 이타이이타이병이다. 이 공해병은 일본에서 1940년대 전후에 발생했다. 금속광업 제련소에서 배출된 폐수에 카드뮴이 녹아 있었고, 이 물을 이용해 재배된 쌀을 장기간 섭취한 것이 화근이었다. 초기에 신경통 비슷한 통증이 생긴 데 이어 보행이 어려워졌다. 나중엔 약간의 충격에도 골절이 되었다.

카드뮴 중독을 부를 우려가 있는 대표적인 식품은 폐광 주변의 쌀이다. 카드뮴의 소화관 흡수율은 5% 정도이고 체내에 들어온 카드뮴은 대부분 간·신장·뼈에 축적된다. 카드뮴이 다량 오염된 식품이나 물을 섭취하면 폐 손상·구토·설사 등이 동반될 수 있다. 흡연을 통해서도 카드뮴에 노출된다.

비스페놀 A

각종 환경호르몬 가운데 가장 자주 논란의 중심에 서는 것이 비스페놀이다. 비스페놀은 물병·생수통·컵·방음벽 등 투명하고 충격에 강한 플라스틱에 많이 사용된다.

여러 종류의 비스페놀 중에서 전 세계적으로 가장 생산이 많은 것은 비스페놀 A(BPA)다. 1891년 러시아 화학자에 의해 처음 합성된 비스페놀 A는 1950년대부터 플라스틱 제품 제조에 널리 사용돼 왔다.

비스페놀 A의 유해성은 최근 들어 하나씩 밝혀지고 있다. 캐나다는 2010년 비스페놀 A를 독극물로 지정했다. 프랑스는 2015년부터 비스페놀 A의 사용을 금지했다. EU(유럽연합)는 이르면 2019년

'비스페놀 A 함유 영수증'을 금지할 계획이다.

미국 매사추세츠 등 일부 주에선 비스페놀 A 영수증 사용을 금지했다. 거대 화학기업이 있는 미국은 비스페놀 A에 대해 대체로 관대한 태도를 보인다.

국제 환경보호 시민단체인 NRDC는 미국식품의약청(FDA)에 비스페놀 A의 사용 금지 조치를 요청했다. FDA는 비스페놀 A의 위험 가능성을 인지하면서도 "사람에게 해가 된다는 확실한 증거가 없어 판단에 조심스럽다"며 거부했다.

일부 국가가 영수증에 비스페놀 A의 사용을 금하는 이유는 그만큼 현대인에게 노출이 많기 때문이다. 영수증과 순번대기표에 사용하는 특수용지(감열지)에 글씨가 잘 나타나도록 돕는 용도로 비스페놀 A를 사용한다.

노동환경건강연구소가 서울시 25개 구청에서 사용하는 순번대기표와 영수증을 분석했더니 43개 중 91%에서 비스페놀 A가, 9%에선 비스페놀 S가 검출됐다. 대형마트 등에서 사용하는 영수증에서도 환경호르몬인 비스페놀 A가 나왔다. 비스페놀 A 함유 영수증을 지갑에 보관하면 지폐도 환경호르몬에 오염된다.

영수증을 재활용해 만든 A4 용지에서도 비스페놀 A가 검출됐다는 연구 결과가 2014년 세계적 과학 저널 '네이처(Nature)'에 실렸다. 영수증이나 순번대기표 외에도 일상에서 흔히 접하는 영화표·마스크팩·모기 기피제·복권 등에서도 비스페놀 A가 검출됐다.

비스페놀 A는 폴리카보네이트(PC)·에폭시수지 등 일부 플라스틱의 원료로 널리 사용된다. 에폭시수지는 내구성이 뛰어나고 화학물질에 의한 변형이 적어 식품이나 음료 캔의 보호용 코팅재로 자주 쓰인다. 폴리카보네이트(PC)는 내구성·투명성이 좋고 다른 플라스틱 재료와 혼용이 가능하며 열에 강해 장난감·물병·젖병·컵 등 다양한 플라스틱 제품 제조에 사용된다.

비스페놀 A가 함유된
폴리카보네이트 소재 식품 용기

　사람은 대개 비스페놀 A가 함유된 폴리카보네이트 소재 식품 용기나 포장재에서 식품으로 흘러나온 비스페놀 A를 섭취한다. 식·음료를 통한 비스페놀 A의 섭취를 줄이려면 폴리카보네이트 소재의 플라스틱 용기나 식품용 캔의 사용을 줄인다. 특히 뜨겁거나 액체 상태의 식품은 되도록 유리·도자기·스테인리스 소재의 용기에 옮겨 담는 것이 현명하다.

　비스페놀 A는 사람의 진짜 호르몬을 흉내 내는 환경호르몬이다. 비스페놀 A는 에스트로겐 수용체와 결합해 여성과 남성 불임, 조기 사춘기, 유방암·전립선암·다낭성난소증후군 등 여러 내분비 장애 발생에 기여할 수 있다.

　신체 에너지를 조절하는 갑상선호르몬도 비스페놀 A의 영향을 받는 호르몬이다. 2016년 1월, '환경 연구와 공중 보건 저널'엔 비스페놀 A가 갑상선의 자가면역질환(예. 하시모토 병) 발생에 기여할 수 있다는 연구 논문이 실렸다.

비스페놀 A가 확실한 환경호르몬이냐에 대해선 찬반양론이 있다. 식품의약품안전처는 비스페놀 A가 기본적으론 안전하다는 입장이다. 식약처는 2012년 7월부터 비스페놀 A를 사용한 유아용 젖병의 제조·수입·판매를 전면 금지했다. 비스페놀 A가 함유된 PC 소재 젖병의 실제 안전성에 문제가 있다고 판정했다기보다는 아이만큼은 국내·외에서 안전성 논란을 부른 비스페놀 A로부터 온전히 자유롭게 한다는 예방 차원의 조치였다.

미국 식품의약청(FDA)도 비스페놀 A에 대한 특별한 경고를 내리지 않고 있다. 식품에서 검출되는 비스페놀 A가 극소량이어서 인체에 해를 끼치지 않는다고 봐서다. 유럽 식품안전청(EFSA)도 '우려할 필요가 없다'는 평가를 일단 내리고 있다.

프탈레이트

대형마트에서 파는 육류·해산물·채소류 등 각종 음식물과 포장용 배달음식 등을 감싼 비닐 랩(wrap)은 대부분이 PVC(폴리염화비닐)랩이다. 환경부는 '냉동식품'을 제외한 모든 식품에서 재활용이 어려운 PVC랩 사용을 2005년부터 규제하고 있지만 여전히 널리 사용 중이다. 현재 가정용으로 파는 랩은 대부분 고형연료(SRF) 등으로 재활용 가능한 PE(폴리에틸렌) 소재로 만든다. 일부 대형마트 등에서 PVC랩을 아직 사용하는 것

각종 음식물
포장에 쓰이는 비닐 랩

은 가격이 싸고 부착성이 뛰어나기 때문이다.

환경부는 랩뿐 아니라 각종 포장재의 PVC 사용도 금지하고 있다. 달걀 포장이나 건전지·면도기 등 다양한 생활용품에 PVC 포장재가 여전히 많이 쓰인다. PVC 소재 플라스틱은 태우면 각종 유독물질이 나와 소각이나 고형연료로 재활용하기가 어렵다.

PVC는 신용카드·창틀·파이프·합성가죽 등의 소재로 다양하게 쓰인다. PVC는 유연한 재질이어서 제품을 만들기 쉽고 다른 플라스틱 소재보다 가격이 싸다는 것이 장점이다.

하지만 최대 약점은 환경호르몬이 포함돼 있다는 것이다. 딱딱한 PVC를 부드럽게 만들기 위해 첨가되는 프탈레이트란 환경호르몬이 남성의 정자 수를 줄이거나 생식계통 기형을 유발하는 등 부작용을 일으킬 수 있다.

PVC는 다른 플라스틱 소재보다 염소 함량이 높다는 것도 약점이다. 재활용한다고 해도 따로 분류해 염소를 빼내는 등 정교한 과정을 거쳐야 한다. 국내 재활용업체 대부분은 PVC 재활용만을 위한 별도 공정을 갖추지 않고 있다.

PVC가 수액 세트(줄)에도 여전히 쓰이고 있다는 점도 문제다. 식품의약품안전처는 2015년 7월부터 PVC 수액 줄의 사용을 금지했다. 프탈레이트 같은 환경호르몬이 수액과 함께 인체로 들어가 건강에 해를 줄 수 있다고 봐서다. 일부 병원에선 가격이 싸다는 이유로 PVC 수액 줄을 여전히 사용 중이다. PVC 수액 줄을 사용하는 것은 현재 불법이다.

업소용 랩으로 통하는 PVC랩은 가열하면 환경호르몬인 프탈레이트 등 가소제 성분이 녹아 나올 수 있다. 랩은 100도 이상으로 가열하는 것을 피하고, 지방·알코올이 많은 식품과는 최대한 닿지 않도록 하는 것이 좋다. 최근 시중에서 파는 가정용 랩은 환경호르몬인 프탈레이트(DEHP)가 검출되지 않는 폴리에틸렌(PE)으로 대체되고 있는 추세다.

폴리에틸렌뿐만 아니라 폴리프로필렌(PP)도 프탈레이트를 원료로 하지 않기 때문에 이런 소재로 만든 플라스틱 조리 기구와 용기에 뜨거운 음식을 담거나 조리를 해도 별 문제가 안 된다.

프탈레이트 중 DEHP(DOP)는 국내에서 1997년 대형 사고를 일으켰던 물질이다. 당시 유아용 분유에 발암성 물질인 DOP가 들어 있다는 보도가 나오면서 전국을 뒤흔들었다. 그때는 환경호르몬이 국내에서 알려진 바가 거의 없어 발암물질로 헤드라인이 뽑혔다. 2주가량 미디어를 뜨겁게 달궜던 분유 발암물질 파동 당시 식품의약품안전본부는 DOP가 우유를 짜는 호스에서 용출돼 분유에 잔류했을 것으로 추정했다.

플라스틱 가소제로 사용되는 프탈레이트 화합물 중 환경호르몬은 10여 종이다. di-(2-ethylhexyl) phthalate(DEHP), di-n-butyl phthalate(DBP), butyl benzyl phthalate(BBP), di-ethylphthalate(DEP), di-n-propyl phthalate(DPrp), di-n-hexyl phthalate(DHP), di-n-pentyl phthalate(DPP), di-(2-ethylhexyl) adipate(DEHA) 등이다.

특히 독성이 커서 전 세계적으로 이슈가 되는 것은 DEHP와 DBP(디부틸프탈레이트) 등 2종이다. 우리나라에선 식품위생법 기구 및 용기 포장의 기준 규격에 따라 식품용 기구와 용기 포장 제조 시 DEHP의 사용을 금지(1999년 1월 1일)했다.

미국 보건부 발표에 따르면, 다량의 프탈레이트에 노출되면 남성 고환의 아연 농도가 줄어 고환 배아 세포에 이상이 생기며, 여성에게도 유산이나 임신 합병증을 유발할 수 있다.

DBP는 반수컷호르몬(antiandrogen)으로 의심받고 있다. 수컷의 성징 발현을 조절하는 테스토스테론의 분비를 방해하거나 분비량을 줄일 가능성이 있다는 이유에서다.

2001년 국내 연구에 따르면, 매니큐어 등 화장품에서(국산·수입품 8개 업체 총 17개 제품) 프탈레이트 함유 여부를 검사한 결과 17개 모든 제품에서 DBP가 검출됐다. 검출된 DBP의 양 범위는 1.42~6.91%(평균 4.46%)로 상당히 높았다.

화장품의 경우 프탈레이트 가소제의 사용을 법적으로 규제하지 않아 심각한 건강상 문제를 일으킬 소지가 있다는 지적도 제기됐다. 환경호르몬인 DBP가 간접적으로 본인 또는 유아에게 피해를 줄 수 있다는 것이다.

스티렌 다이머와 스티렌 트리머

스티렌 다이머와 스티렌 트리머 등은 발포성 폴리스티렌(스티로폼) 소재의 플라스틱 용기에서 주로 검출된다. 이 물질의 내분비장애 효과는 매우 약한 것으로 알려졌다. 두 물질이 국내에서 유명해진 계기는 컵라면 용기 파동(2003년)이다.

과불화화합물(PFC)

과불화화합물(PFC)도 환경호르몬으로 작용한다. 주방에서 일하는 주부가 지속적으로 과불화화합물에 노출되면 진짜 호르몬 교란 가능성이 커진다. PFC는 아웃도어 제품뿐 아니라 눌러붙지 않도록 코팅된 프라이팬,·방수처리된 가구 등에도 광범위하게 사용된다.

PFC가 사용된 코팅프라이팬은 코팅제가 벗겨지면 즉시 폐기

국내 산모의 모유에 포함된 PFC의 농도는 프랑스 여성에 비해 적게는 9배, 많게는 30배 이상 많은 것으로 분석됐다. 한국이 프랑스보다 프라이팬을 더 많이 사용하기 때문일 수 있다. 가열된 프라이팬을 통해 PFC가 많이 발생할 수 있어서다.

미국은 2015년부터 PFC 성분이 코팅된 프라이팬의 유통을 금지하고 있다. 한국은 규제 기준이 없다. 가급적 코팅이 안 된 제품을 사용하고, 코팅제가 벗겨진 프라이팬은 즉시 폐기하는 등 세심한 주의가 필요하다.

세계적인 환경보호단체 그린피스(Greenpeace)가 2015년 말 발표한 보고서에 따르면 지구상에서 가장 깨끗하다는 10곳의 눈과 물 표본에서도 PFC가 검출됐다. 그린피스 탐사단은 2015년 5월 표본 채취를 위해 총 8개의 팀을 꾸려 PFC를 사용하지 않은 아웃도어 옷을 입고 산악지대로 탐사를 떠났다. 사람의 발길이 거의 닿지 않은 지역을 택했지만 중국의 하바설산, 러시아의 알타이산맥, 칠레 파타고니아의 토레스 델 파이네산맥에서도 PFC가 나왔다.

PFC는 제품의 생산·수송·보관·사용 중은 물론 폐기 후 소각·매립하는 과정에서도 대기나 수로를 통해 자연에 유출된다. PFOA나 PFOS 같은 형태로 바뀌어 오염원이 없는 극지방까지 이동할 수 있다.

PFC의 일종인 PFOA는 쥐를 이용한 동물실험에서 기형과 간독성을 유발하고 성적인 발달을 지연시키는 것으로 확인됐다. 인체에도 정자 질 저하, 저체중아 출산, 갑상선질환 등 다양한 건강 문제를 일으킨다고 알려졌다. 국내 연구에선 혈중에서 PFC가 평균치 이상 검출된 2세 아동은 또래보다 키가 작고 체중이 가벼웠으며 성장 발달도 지연됐다(Int J Pediatr Endocrinol 2015년).

2장
환경호르몬 함유 제품

우리는 환경호르몬에 둘러싸여 지낸다. 잠깐 욕실을 들여다보자. 빨래용·청소용·목욕용 등 여러 종류의 세제가 있다. 세제에 포함된 계면활성제 원료인 펜타노닐페놀

세제에 포함된
계면활성제 원료인
펜타노닐페놀
역시 환경호르몬

은 세계야생기금에서 정한 67종의 환경호르몬 중 하나다. 노닐페놀은 대부분 25% 이상 함유된 제품 형태로 전량 수입되고 있다. 유럽에선 세척제·화장품 등에 노닐페놀을 사용하는 것을 금지됐다.

향수·샴푸·컨디셔너·헤어스프레이·매니큐어 등 몸에 직접 닿는 생활용품에서도 환경호르몬이 검출된다. 향수엔 향기가 오래 지속하도록 프탈레이트란 환경호르몬이 첨가된 경우가 많다. 일부 프탈레이트는 태아를 비롯한 성인 남성 정자의 질을 훼손할 위험이 있다는 연구 결과가 잇따라 발표되고 있다.

화장품도 환경호르몬에서 자유롭지 않다. 환경호르몬으로 의심받고 있는 파라벤이 함유된 화장품이 수두룩하기 때문이다. 자외선 차단용 화장품에 주로 사용되는 옥시벤존도 환경호르몬으로 작용할 가능성이 있다.

현재 환경단체인 환경운동연합은 '옥시벤존·옥티녹세이트 ZERO 캠페인'을 벌이고 있다. 화장품을 제조·판매하고 있는 기업을 대상으로 해양생태계를 파괴하는 두 화학물질을 화장품 성분으로 사용하지 않겠다는 약속에 동참할 것을 요청하는 것이 이 캠페인의 주 내용이다. 2018년 8월부터 시작된 이 캠페인엔 주로 국내 중소 브랜드 화장품 업체가 참여하고 있다.

우리가 무심코 쓰는 4만t 이상의 자외선 차단제가 해마다 바다로 흘러 들어가면서 해양생물의 주된 서식처인 산호뿐만 아니라, 해양생물인 어류와 꽃게·새우 등 갑각류 등의 생존을 위협하고 있다. 원인은 가격이 저렴한 데다 자외선 차단율이 높아 시판 화장품에 들어가는 옥시벤존·옥티녹세이트 때문이다.

이중 옥시벤존은 대표적인 환경호르몬으로 알려졌다. 2008년 미국의 환경단체 EWG(Environmental Working Group)는 위험도 10단계 중 옥시벤존을 위해성 등급 8(유해성 높음), 옥티녹세이트를 6(유해성 보통)으로 구분해 상당히 유해한 것으로 평가했다.

EWG는 두 물질이 피부 흡수율이 높은 데다, 비교적 많은 양이 피부에 침투되어 생체 호르몬 작용을 방해하거나 세포를 변화시키는 물질이라고 평가했다. 가볍게는 접촉성 피부염이나 여드름에 그치지만 심각하게는 호르몬 체계를 교란해 여성 불임·정자 수 감소 등을 유발할 수 있고 세포 손상으로 DNA 변형을 일으켜

환경호르몬 함유가 의심되는 생활용품		
분류	종류	노출원
합성물질	에스트라디올	경구피임약 등 주로 의약품
농약류	DDT/다이아지논	농약에 오염된 음식 및 음용수
환경오염물질	벤조피렌류	태운 음식, 자동차 배기가스, 담배연기
	다이옥신류	소각장의 연기, 고엽제
	폴리염화페닐류	전기절연제
중금속류	수은	전지, 형광등, 온도계 등
	납	식기류, 유리, 건축자재, 인쇄물 등
	카드뮴	전지, 유리안료, 어패류 등
산업물질	프탈레이트	건축자재, 파이프, 전기전자 부품 등
	비스페놀 A	캔 내부 코팅제, 유아용 젖병, 물병류 등

피부암으로 이어질 수 있다는 것이다.

환경운동연합의 조사 결과 해양생태계를 파괴할 수 있는 두 화학물질이 함유된 국내 화장품이 2만 2000종에 달하는 것으로 파악됐다. 환경운동연합은 온라인을 통해 두 물질을 함유한 화장품명과 업체명을 시민들에게 공개했다. 두 물질을 포함한 화장품은 선크림·선스프레이·선스틱 등 자외선 차단제뿐만 아니라 BB크림·CC크림 등 메이크업 베이스 제품과 파운데이션·립스틱 등 다양하다.

신발에도 환경호르몬이 함유돼 있다. 스웨덴 자연보호협회(SNCC)가 실시한 'Chemicals Up Close'란 타이틀의 연구에 따르면, 플라스틱 소재 일부 샌들엔 프탈레이트를 포함한 유해화학물질이 들어 있다. 이들이 사람의 피부로 바로 들어가진 않더라도 폐기 시 환경에 나쁜 영향을 미칠 수 있다.

심지어는 대표적인 건강기능식품인 홍삼에도 환경호르몬은 숨어 있다. 국내 홍삼 제품 일부에서 환경호르몬이 다량 검출됐다. 식품의약품안전처의 검사 결과 일부 국산 홍삼 제품에서 프탈레이트가 나온 것이다. 식약처는 인체에 우려할만한 수준은 아니라고 평가했다. 프탈레이트 검출 업체 명단을 공개하지 않은 이유다. 프탈레이트가 검출된 농축액을 원료로 홍삼 제품을 생산하는 것은 금지했다.

영수증·순번 대기표

2015년 한 해 동안 국내에서만 종이 영수증이 약 150억 건이나 발급됐다. 하루에 약 4000만 건 꼴이다. 2014년 2월 JAMA(미국의사협회 저널)엔 감열지 영수증을 취급하는 사람의 소변과 혈액을 검사한 결과 비스페놀 A의 농도가 유난히 높았다는 연구 결과가 실렸다. 영수증을 취급하면 몸의 환경호르몬 수준이 높아질 수 있다는 것이다.

비스페놀 A는 플라스틱을 단단하고 투명하게 만들기 위해 첨가되는 물질이다. 식품 캔의 내부에도 들어 있다. 비스페놀 A는 감열지의 원료로도 쓰인다. 감열지란 표면을 화학물질로 코팅하거나, 열이 가해지는 지점에 색이 나타나는 종이다. 감열프린터를 통해 인쇄되는 특수 용지다.

감열지는 현금 영수증·공공장소 순번 대기표·티켓 용지와 신용카드·체크카드 명세서 등에 광범위하게 사용된다. 생활 전반의 디지털화와 공공장소의 무인화 등으로 인해 감열지 사용량은 지속적으로 증가 추세다.

전 세계 감열지 시장 규모는 연간 약 130만t이다. 2014~2019년 연평균 3.28%의 성장률을 보일 것으로 전망된다. 2011년 한 해 동안 사용된 종이 영수증의 양은 지구 둘레를 62.6바퀴를 돌 수 있을 정도다.

감열지는 일반 감열지와 내구성을 높인 특수 감열지로 분류된다. 일반 감열지 표면의 발색촉매제(잉크가 종이에 잘 나타나도록 돕는 역할을 하는 성분)로 비스페놀 A와 비스페놀 A의 대체물질인 비스페놀 S가 주로 사용된다.

2010년 미국 환경단체(EWG)의 조사 결과 7개 주에서 수거한 영수증 36개 중 16개(44%)에서 비스페놀 A가 평균 1.9% 함유된 것으로 나타났다. 손가락에 땀이나 기름이 있으면 비스페놀 A의 체내 흡수율이 10배 높아진다. 같은 해 미국 10개 주에서 수거한 22개 유통업체 영수증을 검사한 결과 11개의 영수증에서 무게의 2.2%까지 비스페놀 A가 검출됐다. 영수증과 함께 지갑에 보관한 22장의 지폐 중 21장이 영수증을 통해 비스페놀 A가 오염됐다.

국내에선 2016년 5월 여성환경연대가 주요 대형마트와 백화점 6곳에서 19장의 영수증을 수거해 검사했다. 일부 영수증에서 환경호르몬인 비스페놀 A와 비스페놀 S가 검출됐다. 비스페놀 S는 비스페놀 A의 위해성이 입증되면서 대체물질로 사용된 것이지만 이 역시 환경호르몬으로 작용하는 것은 마찬가지란 연구 결과가 나와 있다. 이는 비스페놀 S도 환경호르몬으로부터 자유롭지 못하다는 의미다.

EU(유럽연합)는 빠르면 2019년까지 비스페놀 A가 함유된 영수증의 사용을 금지하기로 했다. 국내에서도 여러 업체가 비스페놀 A가 없는 영수증으로 대체했다고 주장했다. 이는 비스페놀 A 성분만 뺐다는 것이지 비스페놀 S 등 또다른 환경호르몬 문제로부터 안전성이 완전히 보장됐다는 뜻은 아니다.

미국 환경실무그룹 EWG의 2010년 연구 결과, 영수증 한 장에 포함된 비스페놀 A의 양은 캔 음료나 젖병에서 나오는 양보다 250 ~1000배나 많았다. 소비자가 영수증을 만지는 과정에서 비스페놀 A가 피부로 흡수될 수 있다. 영수증에 든 비스페놀 A에 특히 많이 노출되는 사람은 대형마트의 계산원이다. 대형마트에서 일하는 계산원의 소변을 검사한 결과, 근무 후에 채취한 소변에서 비스페놀 A가 훨씬 많이 검출됐다.

영수증 등을 통한 환경호르몬 노출을 최소화하려면 영수증을 입에 물거나 손으로 구기는 행동을 삼간다. 영수증을 지갑에 장기간 보관하지 말아야 하고, 젖거나 기름진 손으로 만지는 일도 피한다. 전자영수증을 발급해 영수증을 손으로 직접 만지지 않도록 하는 방안도 제시되고 있다.

미국의 일부 주에선 2013년 감열지 영수증의 사용을 금지하는 법안을 통과시켰다. 국내에선 계산원에게 장갑 착용을 권고하는 수준이다.

플라스틱 용기·영수증 등 생활용품에 두루 쓰이는 환경호르몬인 비스페놀 A는 음료·식품 등으로 섭취했을 때보다 손으로 만져 피부로 흡수됐을 때 체내에 훨씬 더 오래 잔류한다는 연구 결과가 나왔다.

캐나다 앨버타대학 지아잉류, 스웨덴 스톡홀름대학 요나탄 마르틴 교수팀은 미국화학회(ACS)가 발행하는 국제학술지 '환경과학과 기술(2017년)'에서 이 같은 연구 결과를 발표했다.

연구팀은 연구 참여자에게 비스페놀 A가 묻은 물질을 손으로

5분 동안 만지게 하고 2시간 뒤 손을 씻도록 했다. 이어 소변·혈액 속의 비스페놀 A 함량을 주기적으로 측정했다. 1주일 뒤엔 일정량의 비스페놀 A가 든 과자를 먹게 한 뒤 같은 검사를 실시했다. 그 결과 음식으로 섭취한 경우 소변 속 비스페놀 A 농도가 5시간 뒤 가장 높아졌다가 24시간 뒤엔 거의 사라졌다. 가장 오래 남은 경우도 48시간 정도였다.

비스페놀 A를 피부로 흡수한 경우엔 만 48시간까지 소변 속 비스페놀 A 농도가 계속 높아졌다. 참여자 중 약 절반에선 5일, 나머지 절반에선 1주일(168시간) 뒤에도 소변에서 비스페놀 A가 검출됐다. 비스페놀 A가 가장 오래 잔류한 기록은 212시간(약 8.8일)이었다.

혈액 속 최장 잔류 시간도 피부 흡수 때가 51시간으로, 식품으로 섭취했을 때(7.5시간)보다 6배 이상 길었다. 연구팀은 정확한 이유를 밝혀내진 못했다. 아무튼 비스페놀 A를 식품·음료로 섭취했을 때보다 피부로 흡수했을 때 노출기간이 훨씬 더 길고 몸 밖으로 배출되는 데 시간이 더 오래 걸렸다.

손 세정제·핸드 로션 같은 화장품을 바른 뒤 비스페놀 A가 함유된 감열지 영수증을 손으로 만지면 비스페놀 A의 체내 침투가 빨라진다.

미국 미주리대학 연구팀은 손 세정제·핸드로션 등이 피부를 통한 비스페놀 A의 흡수를 100배 이상 빠르게 할 수 있다는 사실을 미국 공공과학도서관이 발행하는 온라인 학술지 'PLOS ONE'을 통해 2014년 10월 발표했다.

컵라면 용기

농림축산식품부에 따르면 2014년 기준 국민 1인당 연간 평균 76개의 라면을 먹었다. 최근 1인 가구가 늘면서 컵라면 소비도 증가하고 있다. 1988년부터 시작된 컵라면 용기의 환경호르몬 이슈는 현재진행형이다.

환경호르몬 이슈가
되는 컵라면 용기

컵라면 용기·뚜껑에 사용하는 재질은 폴리프로필렌·폴리에틸렌·폴리스티렌이다. 폴리프로필렌(PP)과 폴리에틸렌(PE)은 상대적으로 안전한 플라스틱이다. 뚜껑과 일부 컵라면 용기에 사용하는 폴리스티렌(PS)이 문제다. 폴리스티렌은 벤젠(발암물질)으로 만든 유해물질이다. 폴리스티렌 제조업체는 생산 중 정제과정을 잘 거치면 유해물질이 나오지 않는다고 주장하지만 안전성이 확실히 입증되진 않았다.

국립환경과학원이 2016년 2월 발표한 '제2기 국민환경보건 기초조사'에 따르면 컵라면·캔 음식 등 가공식품의 섭취 빈도가 높을수록 몸속의 비스페놀 A 농도가 증가했다. 환경호르몬이 우려된다면 컵라면은 가능한 한 전자레인지 등으로 가열하지 않는다. 또한 컵라면 뚜껑에 라면을 덜어 먹는 행동도 삼간다.

비닐 랩

PVC(폴리염화비닐) 랩의 안전성 이슈는 국내에서 1986년에 처음 제기됐다. 한 제조사가 폴리에틸렌(PE) 소재로 랩을 만들면서 PVC 랩의 유해성 문제가 불거졌다. 이후 가정용 랩은 대부분 폴리에틸렌 소재로 대체됐다. 일부 업소용 랩엔 아직도 PVC가 들어 있다.

PVC는 상온에서 딱딱한 플라스틱이어서 부드럽게 하는 가소제(DEHP)를 사용할 수밖에 없다. 자장면 등 배달음식을 감싼 랩이 유연하게 잘 늘어나는 것도 DEHP 때문이다. DEHP는 프탈레이트의 일종으로 환경호르몬이다. PVC랩을 가열하거나 뜨거운 기름과 닿았을 때 프탈레이트가 음식으로 용출된다. 프탈레이트에 최대한 덜 노출되려면 배달음식점과 마트 등에서 음식을 포장하는 랩 사용을 줄일 필요가 있다. 랩 구입 시 소재를 잘 살피는 것도 중요하다. 전자레인지를 사용할 때는 랩을 반드시 제거한 후 가열한다.

향초(캔들)

2014년부터 힐링 바람을 타고 향초(캔들)를 찾는 사람이 크게 늘고 있다. 온·오프라인 캔들 매장도 우후죽순처럼 생겼다. 국내에 이미 200여 종의 향초가 수입·판매되고 있다. 2014년 미국 과학저널에 따르면, 향초를 사용할 때 포름알데히드·벤젠 화합물·나프탈렌 등 발암물질이 배출된다.

이런 물질은 향초의 연소 중에 주로 배출되지만 연소가 끝난 후에도 최대 16시간까지 실내에 남아 있다. 특히 저가 향초엔 공업용 화학물질이 다량 함유돼 있다. 향초는 많은 미세먼지를 유발해 호흡기 증상과 알레르기를 일으킬 수도 있다.

향초 내 유해물질의 대부분은 향초 생산과정에서 추가되는 인공향료다. 시판 일반 향초는 물론, 파라핀이 들어 있지 않은 천연 향초라 하더라도 인공향료를 넣어 향기를 내는 경우가 많다. 냄새가 향기로우면 건강에도 이로울 거라고 생각하는 사람이 많지만 이는 큰 착각이다.

향초를 통한 환경호르몬 등 유해물질의 흡입을 차단하려면 유해성 검증을 거친 정품을 구매해야 한다. 정품이라도 밀폐 공간에서 장기간 켜두는 것은 피한다. 특히 호흡기 질환이 있다면 향초를 멀리하는 것이 현명하다. 촛불을 끌 때도 입으로 불어 연기를 내지 않도록 주의한다. 일부 향초의 유해성이 학계에서 제기되고 있지만 아직 전수조사나 규제는 없는 상태다.

생리대

여성 1인당 평생 1만 개의 생리대를 사용한다. 제조사는 영업 비밀 등의 이유로 생리대 성분을 공개하지 않는다. 제품 뒷면에 쓰인 주요 성분엔 기본적인 성분만 표시돼 있다. 2014년 8월 미국의 여성환경건강단체인 '지구를 위한 여성의 목소리(WVE)'가 P&G사가 제조한 생리대를 분석한 후 염화에틸·클로로포름 등 휘발성 유기 화합물이 검출됐다고 발표했다.

국내에서도 2017년 여성환경연대와 강원대 김만구 교수팀이 여성의 생리대 안전성 문제를 제기했다. 생리대에서 검출된 유해물질 중 환경호르몬으로 의심받고 있는 것은 스티렌이다. 스티렌이 환경호르몬인지에 대해선 전문가 사이에서도 의견이 갈리는 상황이다.

스티렌을 환경호르몬으로 보기 힘들다는 전문가도 많다. 2017년 3월 스위스 정부가 검사한 모든 생리대에선 포름알데히드·프탈레이트·살충제 성분 등 화학물질이 검출되지 않았다. 극미량의 다이옥신·방향족 탄화수소 등이 나왔지만 식품에 허용되는 농도 정도여서 생리대를 사용하는 여성의 건강에 큰 위협은 되지 않을 것으로 평가됐다.

2014년 일본에선 생리대 7종에서 각종 화학물질 중 독성이 가장 크다고 알려진 다이옥신(환경호르몬의 일종)이 검출됐다. 당시 생리대에서 나온 다이옥신의 양이 극소량이어서 건강상 위험성은 거의 없다고 평가됐다.

일회용 생리대에 불안감을 느낀 여성 가운데 일부는 면 생리대를 사용하고 있다. 번거롭고 세탁하는 과정에서 또 다른 위생 문제가 발생할 수 있다는 것이 문제로 지적된다.

캔(통조림)

전 세계적으로 1인 가구가 늘면서 유통기한이 길고 조리가 편리한 캔 제품의 판매가 증가하고 있다. 2016년 4월, 영국의 가디언지와 로이터통신 등에 보도된 기사 내용에 따르면 캠벨·네슬레 등 세계적인 회사가 제조한 캔 제품에서 비스페놀 A가 검출됐다. 환경호르몬인 비스페놀 A는 캔 내부와 뚜껑의 부식방지를 위한 코팅제로 사용되는 에폭시 수지(플라스틱의 일종)에 들어 있다. 캠벨사는 2017년 중반부터 비스페놀 A의 사용을 전면 중단하겠다고 밝혔다. 델몬트사도 캔 제품에서 에폭시수지의 사용을 점차 줄여갈 계획이라고 발표했다.

비스페놀 A가 검출되는 다양한 캔

국내에선 2011년 한국소비자원이 민주당 박병석 의원과 함께 조사한 결과, 30종의 캔 제품 중 스위트콘·델몬트 통조림 등 15종에서 비스페놀 A가 검출됐다. 식약처는 당장 건강에 유해하지 않은 소량이므로 큰 문제가 없으며 비스페놀 A는 체외로 금방 배출된다고 밝혔다. 지속해서 비스페놀 A에 노출되면 체내 농도가 높아지고 진짜 호르몬 분비에 교란 문제를 일으킬 수 있다.

캔 제품을 통한 비스페놀 A 노출을 줄이려면 캔 개봉 후 내용물을 빨리 섭취하거나 다른 용기에 옮겨 담는다. 서늘한 곳에 보관하며 캔을 가열하지 말아야 한다. 찌그러져 있거나 녹슨 캔 제품은 사지 않는다.

미국에선 식품 또는 캔 용기에서 비스페놀 A 사용을 불허하는 '유해 첨가물 금지 법안'이 발의돼 비스페놀 A를 둘러싼 안전성 논란이 재가열되고 있다.

한양대 식품영양학과 엄애선 교수팀은 대형마트에서 스위트콘

·배추김치·참치·연어·닭가슴살·장조림·꽁치 등 어린이가 즐겨 먹는 캔 포장 제품 25종을 구입한 뒤 비스페놀 A 함량을 검사했다. 이 결과 탄산음료·주스·파인애플 통조림 등 4종을 제외한 나머지 21종에서 비스페놀 A가 각 제품 kg당 5.9~291mg 검출됐다. 검출량이 미량이지만 지속적인 모니터링 등 주의가 필요한 것으로 진단됐다.

이 연구를 통해 9~11세 어린이가 국내 유통 캔 제품을 매일 한 개씩 섭취한다고 가정할 때 남아는 하루 1.5mg, 여아는 1.6mg의 비스페놀 A를 섭취하는 것으로 추산됐다. 유럽식품안전청(EFSA)이 정한 비스페놀 A의 하루 섭취 제한량은 각자의 체중 kg당 하루 4mg 이하다. 예컨대 체중이 40kg인 어린이라면 비스페놀 A를 하루 4×40=160mg보다 적게 섭취해야 한다는 의미다.

비스페놀 A의 하루 섭취 제한량과 캔 제품을 통해 섭취하는 실제 비스페놀 A 노출량을 토대로 산출한 남아의 비스페놀 A 위해지수(HI)는 0.38, 여아는 0.43이었다. 일반적으로 위해지수가 1보다 작으면 유해가 우려되지 않는 수준이다. 아이가 국내 캔 제품을 하루 1개 이하 섭취할 경우 캔 제품을 통한 비스페놀 A의 노출에 대해선 크게 걱정할 필요는 없다.

어린이는 성인에 비해 비스페놀 A 등 환경호르몬에 대한 민감도가 높기 때문에 아동 대상 비스페놀 A 모니터링은 지속적으로 이뤄져야 한다. 특히 어린이집·초등학교 급식 재료로 비스페놀 A 코팅이 된 캔 식품의 사용은 제한할 필요가 있다.

일회용 종이컵

2014년 기준 국내 커피 전문점에서 나온 일회용 종이컵은 2억 개가 넘는다. 종이컵 내부는 수분에 젖는 것을 방지하기 위해 폴리에틸렌(PE)으로 코팅 처리돼 있다. 여성환경연대는 2013년 국내 커피 전문점 7곳의 일회용 종이컵에서 환경호르몬인 PFOA가 검출됐다고 발표했다.

환경호르몬 노출을 줄이려면
재사용 하지 말아야 하는
일회용 종이컵

PFOA는 발암물질이자 환경호르몬 의심 물질로 알려졌다. 식재료가 들러붙지 않도록 프라이팬 코팅이나 종이컵 방수용으로 사용하는 물질이다.

일반적으로 PFOA는 제품에 첨가물로 넣은 것이나 제품에서 비의도적 불순물로 나오는 것 등 두 가지 경로를 통해 노출된다. 국내에선 PFOA를 더 이상 첨가물로 사용할 수 없게 돼 있다. 비의도적 불순물로 PFOA가 생성되는 제품은 아직 파악되지 않고 있다.

종이컵은 105도 이하에선 대체로 안전하다. 그 이상의 온도에선 환경호르몬이 용출될 수 있다. 일회용 종이컵에 담긴 음료를 전자레인지로 가열하거나 일회용 종이컵을 헹군 후 다시 사용하지 말라고 권하는 것은 그래서다. 이 경우 종이컵 내부의 코팅 물질이 밖으로 흘러나올 수 있다. 특히 플라스틱 뚜껑은 환경호르몬 의심 물질인 폴리스티렌(PS)로 만든 것이고, 90도에서도 녹기 시작한다. 기름기가 있는 음식도 종이컵에 담지 않는 것이 좋다.

배달음식 용기·편의점 도시락

온라인 음식 배달 체계가 갖춰지면서 배달음식 주문도 증가세다. 그만큼 배달 용기와 일회용 용기의 사용량도 늘고 있다. 대개는 플라스틱 용기 그대로를 전자레인지에 넣고 2분가량 데워 먹는다. 용기나 뚜껑의 플라스틱 소재는 대부분열을 가했을 때 변형을 일으키는 폴리스티렌(PS)이다.

편의점 도시락을 통한 환경호르몬 노출을 최소화하려면 전자레인지를 이용할 때 뚜껑을 제거하고 적정 시간(2분)을 넘지 않게 가열한다. 음식점은 고객의 건강을 위해 용기를 플라스틱 대신 사기나 유리 제품으로 바꾼다.

프라이팬·냄비·주걱·국자

눌어붙지 않는 테플론 코팅 프라이팬은 1956년 프랑스 회사 테팔에서 개발돼 전 세계적으로 폭발적인 인기를 끌었다. 2004년 미국 소비자가 눌어붙지 않는 프라이팬을 판매한 '듀폰사'에 대해 집단소송을 제기했다. 환경호르몬이자 유해 성분인 PFOA를 20년 이상 은폐해왔다는 이유였다. 이후 미국 환경보호청(EPA)은 2006년 듀폰·3M 등 전세계 8개 화학회사에 2010년까지 프라이팬 코팅에 PFOA 사용의 95%를 줄일 것을 요청했다. 듀폰은 이를 수용했다.

프라이팬을 가열할 때 온도가 올라가면서 PFOA 일부가 기화돼 나온다. 프라이팬 자체에서 녹아 나오기도 한다. 조리과정에서 기화된 PFOA를 코로 들이마시거나 음식물에 섞여 들어간 것을 섭취하면 몸에 쌓이게 된다. 2004년 대구가톨릭대 양재호 교수의 연구에 따르면 혈중 PFOA 농도는 한국 여성과 아시아인에서 최고치를 기록했다. PFOA는 몸에 들어와 당뇨병·뇌졸중·치매 등을 유발할 수 있다.

PFOA에 최대한 적게 노출되려면 스테인리스 팬을 사용하는 것이 좋다. 주걱·국자도 플라스틱보다 철제 제품을 사용한다. 테플론 코팅된 프라이팬이나 냄비에서 PFOA이 검출되자 한동안 자취를 감췄던 스테인리스 팬에 대한 소비자의 관심이 다시 높아지고 있다. 스테인리스 팬 사용자 카페까지 생겨 사용법 등을 공유하고 있다.

아웃도어 용품

국내 아웃도어 브랜드 수만 100개가 넘을 정도다. 국제 환경단체 그린피스(Greenpeace)가 2016년 초에 발표한 보고서에 따르면, 아웃도어 제품 40개 중 환경호르몬인 PFC(과불화화합물)가 검출되지 않은 제품은 4개에 불과했다.

PFC는 방열·방수·방유성이 우수해 아웃도어 의류에 물·얼룩·기름 등이 묻지 않도록 표면처리제로 사용된다. 일회용 종이컵·피자 박스 등에도 들어간다. PFC는 제조·유통·사용·폐기 등 전 과정에 걸쳐 물과 대기중으로 유출된다. 수백 년간 분해되지 않는 것도 특징이다. 체내에서 암을 유발하고 진짜 호르몬 체계를 교란시키는 환경호르몬이다.

PFC는 깊은 산 속 호수와 외딴 지역 눈에서도 발견된다. 심지어 알래스카 북극곰의 간 조직이나 알래스카 주민의 혈액에서 발견될 정도로 광범위하게 오염돼 있다. 그린피스는 중국 섬유공장 폐수와 중국에서 식용으로 잡힌 생선에서도 PFC를 찾아냈다. 또한 독일의 식수에서도 검출됐다.

눈과 아웃도어에서 발견되는 PFC

그린피스가 전 세계 10곳에서 수거해 검사한 눈 표본 모두에서 PFC가 나왔다. 일부 소규모 아웃도어 브랜드에선 기능성 제품 전체를 PFC 없는 소재로 생산하고 있다. 아웃도어 제조의 선도업체인 글로벌 기업은 기능성 제품의 생산과정에서 PFC를 아직 대량으로 사용 중이다.

전문 산악인이 아니라면 기능성 아웃도어 용품이 반드시 필요하지 않다. 기능성을 강조한 옷엔 화학물질이 든 경우가 많아 환경호르몬 노출 가능성이 크다.

미국 식품의약청(FDA)은 식품 포장에 사용되는 PFC의 사용을 금지시켰다. 그린피스 등 환경단체의 PFC 위험성 경고를 미국 FDA가 수용한 것이다.

햄버거 포장지

햄버거 포장지가 우리 몸에 해로울 수 있다는 연구 결과가 미국에서 나왔다. 2017년 포브스에 실린 기사에 따르면, 미국 질병통제센터(CDC)는 햄버거 포장지에 들어가는 PFAS를 환경호르몬으로 의심하고 있다. PFAS는 PFOA와 마찬가지로 종이를 코팅하는 데 사용된다. PFAS는 비만·면역체계 약화·암·불임 등의 원인도 될 수 있다.

국내에선 아직 햄버거 포장지의 환경호르몬 유출 실험을 하지 않았다. 여성환경연대는 해외에서 햄버거 포장지의 위험 가능성이 계속 제기되고 있으므로 주의할 필요가 있다고 주장했다.

소파

소파·커튼 등 대부분의 가구엔 브로민·클로린 등 난연재(難燃材)가 들어간다. 난연재는 플라스틱의 내연소성을 개량하기 위해 첨가하는 화학물질이다. 난연재가 인체에 어떤 영향을 끼치는지는 충분히 알려지지 않았다.

난연재가 환경호르몬인 PCB와 비슷한 위해성이 있다는 주장도 나왔다. 난연제가 당뇨병·IQ 저하·불임·암 등의 원인이 되며 태아에도 악영향을 끼칠 수 있다는 것이다.

난연재의 위해성을 밝히기 위한 연구는 국내에서 아직 시도되지 않았다. 환경부는 브로민 등 일부 난연재 관련 연구가 진행중이라고 밝혔다. 난연재는 브로민 외에도 종류가 많다.

카펫

값이 싼 카펫은 대개 플라스틱 기반인 합성섬유 나일론으로 만든다. 나일론 재질 카펫을 만들 때도 가소제가 들어가므로 카펫을 통한 환경호르몬 노출이 가능하다.

카펫은 크게 롤 카펫과 타일 카펫으로 나뉜다. 이 중 일부 타일 카펫의 뒷면엔 PVC가 들어간다. 환경호르몬인 가소제 프탈레이트(DEHP)의 사용이 불가피하기 때문이다. 카펫 제조에 사용되는 재료의 정확한 성분은 알 수 없다. 카펫 제조업체는 자사 제품의 성분 분석표를 갖고 있지만 이를 공개하는 것을 꺼린다.

카펫을 통한 환경호르몬 노출을 피하려면 플라스틱 재질의 카펫 대신 모직 소재의 카펫을 구입하는 것이 좋다. 타일 카펫을 살 때 PVC 대신 부직포 재질을 선택하는 것도 도움이 된다. 또한 카펫 청소를 주기적으로 하는 것도 중요하다.

화장품

화장품이 여성의 호르몬 분비에 영향을 미칠 수 있다는 연구 결과가 미국에서 나왔다. 미국 조지메이슨대학 연구팀은 비스페놀 A와 파라벤 같은 환경호르몬 의심 물질이 생식호르몬 변화를 유도한다고 밝혔다.

조지메이슨대학 연구팀은 화장품에 널리 사용 중인 특정 화학 물질과 생식호르몬 변화 간의 연관성을 추적했다. 호르몬 변화는 유방암·심혈관 질환을 포함해 여러 질병으로 이어질 수 있다.

연구팀은 18~44세 여성 143명을 대상으로 연구에 착수했다. 각각의 연구 대상자에게 소변 샘플을 각각 3~5개씩 받아 모두 509개의 소변 샘플을 확보했다.

연구팀은 샘플을 이용해 비스페놀 A와 8가지 파라벤을 검사하고 호르몬의 변화를 살폈다. 파라벤의 대사물질인 3, 4-디하이드록시벤조익산은 여성의 생리주기를 조절하는 여성 생식호르몬인 에스트라디올의 변화와 관련이 있

여성호르몬 분비에 영향을 미칠 수 있는 화장품

었다. 파라벤과 파라벤의 대사물질, 비스페놀 A는 에스트라디올의 수치를 높였다.

매니큐어

네일아트는 많은 여성이 기분전환으로 즐기는 취미 생활 중 하나다. 형형색색의 매니큐어를 칠하고 나면 스트레스가 해소되는 느낌을 받는다고 한다. 기분이 좋아지기 위해 매니큐어를 바를 때도 주의할 점이 있다. 손톱 주변 살이나 큐티클층에 매니큐어가 닿지 않도록 주의해야 한다는 연구 결과가 나왔다.

미국 듀크대학교와 미국 환경연구단체인 EWG(Environmental Working Group)가 공동으로 진행한 연구에 따르면 매니큐어에 환경호르몬으로 추정되는 물질이 들어 있다. 트리페닐 인산염, 즉 Triphenyl Phosphate(TPHP)란 물질이다. 이 성분은 손톱에 광택

을 주지만 호르몬을 파괴할 수 있는 성분으로 알려졌다. 네일살롱 등 광범위한 곳에서 사용 중인 이 성분에 대한 규제는 우리나라와 미국에선 없다.

네일아트를 즐겨하는 여성의 체내에서 높은 DPHP 수치가 관찰됐다. DPHP는 TPHP의 대사 산물이다. 이 연구는 여성 26명을 대상으로 진행된 소규모 실험이지만 2015년 당시 미국 언론에서도 큰 주목을 받았다. 연구팀은 연구 참가자에게 매니큐어를 바르도록 한 뒤 2~6시간이 지난 뒤 이들의 소변을 검사했다. 그 결과, 26명 중 24명의 소변에서 '디페닐 인산염(DPHP)' 수치가 올라간 것을 확인했다.

10~14시간이 지난 뒤엔 연구 참가자 전원의 소변에서 DPHP의 수치가 7배가량 높아졌다. 매니큐어를 바르고 시간이 흐를수록 TPHP의 체내 흡수량이 늘면서 DPHP로 대사된 양이 많아졌을 것이란 설명이다. TPHP는 합성수지·합성고무 등이 유연해지도록 만드는 가소제다. 연소를 저지하는 방화제로도 잘 알려져 있다.

연구팀은 데이터베이스를 토대로 3000개의 손톱을 조사했다. 이 중 1500개 이상의 매니큐어 제품 성분 표시에서 TPHP를 발견했다. 사람은 누구나 체내에 TPHP를 소량 함유하고 있지만, 매니큐어를 바른 여성에게선 그 수치가 현저하게 높게 나타난다는 것이 연구팀의 설명이다. 매니큐어를 빈번하게 사용하면 TPHP에 만성적으로 노출된다는 뜻이다.

이 연구의 더욱 흥미로운 점은 색깔이 있는 매니큐어보다 투명 매니큐어에 더 많은 TPHP가 들어 있다는 점이다. 베이스로, 혹은 마무리 단계에서 투명 매니큐어를 바르는 여성이라면 TPHP 노출 빈도가 더욱 높아질 수 있다.

손톱을 통해서 TPHP가 직접 몸 안으로 침투하긴 어렵다. TPHP는 큐티클이나 손톱 주변의 피부를 통해 몸속으로 스며들 가능성이 높다. 손톱을 깨무는 습관을 가진 사람이라면 입을 통해 들어갈 수도 있다.

라벤더 오일·티트리 오일

라벤더 오일(lavender oil)과 티트리 오일(tea tree oil)에 환경호르몬이 들어 있어 남아에게 여성형 유방증(gynecomastia)을 일으킨다는 연구 결과가 나왔다. 여성형 유방증은 남성의 유방이 여성 유방의 크기·모양·유선 발달 같은 특징을 갖는 쪽으로 발달하는 것을 말한다.

미국 국립보건원(NIH) 산하 국립환경보건과학원(NIEHS) 소속 타일러 램지 연구원은 이 연구 결과를 2018년 3월 미국 시카고에서 열린 '내분비학회(The Endocrine Society)'에서 발표했다.

라벤더·티트리 오일은 미국·한국 등에서 팔리는 이른바 '에센셜 오일'의 대표 품목이다. 마사지·아로마테라피 등에 흔히 쓰이며 방향제·향수·비누·로션·샴푸·린스·세제 등에 들어가기도 한다. 일반적으로 에센셜 오일은 안전하다고 여기는 사람이 많지만 일부는 환경호르몬으로 작용할 수 있는 물질이므로 사용에 주의

여성호르몬과 비슷한 성질을 가진 라벤더 오일

가 필요하다.

사춘기 전 남아에게 여성형 유방증이 나타나는 경우는 드물지만, 라벤더·티트리 오일이 함유된 제품을 피부에 사용했을 때 이 증상이 발생했다가 제품 사용을 중단하면 증상이 사라지기도 했다. 연구팀은 라벤더 오일·티트리 오일이 여성호르몬인 에스트로겐과 비슷한 성질을 갖고 있으며 남성호르몬인 테스토스테론의 작용을 억제한다고 밝혔다. 이 때문에 몸속 실제 호르몬 작용과 분비가 교란돼 성장에 악영향을 미칠 수 있다는 것이다.

이런 화학물질은 라벤더 오일·티트리 오일 외에도 수십 종의 에센셜 오일에 포함돼 있으나 보건당국의 규제를 받지 않는다고 연구팀은 지적했다.

2017년 9월 국내에선 생리대 유해성 논란이 뜨겁게 전개됐다. 이 사건으로 피부로 흡수되는 독성, 즉 '경피독'이 주목을 받았다. 피부를 독성의 유입 경로로 여기는 사람은 많지 않다. 피부 자체가 단단한 방어막이라는 인식이 강해서다. 실제로 겹겹이 쌓인 피부 장벽은 유해 물질을 막는 역할을 한다. 코와 입에 비해 피부를 통한 유해 물질의 체내 흡수율이 상대적으로 낮은 것이 사실이다.

피부가 모두를 막지는 못한다. 유해 물질이 표피를 뚫거나 세포 사이 틈으로 들어온 뒤 지방층에 쌓이고 혈액 속으로 흘러 들어가 건강에 악영향을 끼칠 수 있다.

피부를 통해 체내로 들어온 유해 물질이 환경호르몬이라면 실제 호르몬 기능을 마비시킬 수 있다. 다이옥신·프탈레이트·DDE(살충제 성분인 DDT의 분해물) 등이 대표적이다. 이들은 생리주기를 단축시키고 남성호르몬 기능을 봉쇄하는 등 다양한 호르몬 문제를 일으킨다.

모기 살충제

모기를 죽이기 위한 가정용 살충제 중에도 환경호르몬으로 작용하는 것이 있다. 전기모기향·매트식 살충제는 살충제를 함유한 매트를 열판 위에 올려놓고 가열해 살충 성분을 공기 중에 날려 모기나 파리를 구제한다. 매트식 살충제의 유효 성분인 알레스린 프라메트린은 모두 피레스로이드계 살충제로 매일 계속해 흡입하면 화학물질 과민증에 걸릴 위험성이 있다. 이것은 세계야생기금에서 선정한 환경호르몬 목록에도 포함되며 저농도로 노출돼도 실제 호르몬을 교란시킬 가능성이 있다.

개와 고양이 사료

개와 고양이 사료에도 환경호르몬이 들어 있어 개와 고양이를 질병에 취약하게 한다는 연구 결과가 나왔다. 미국 뉴욕주 보건부와 뉴욕주립대 등 연구진은 2018년 3월 23종의 개 사료, 35종의 고양이 사료, 60개 소변 샘플을 검사했다. 분석 결과 개와 고양이 사료에 환경호르몬 의심을 받고 있는 파라벤이 다량 함유된 사실이 드러났다. 이 연구 결과는 국제학술지 '환경과학과 기술'에 실렸다.

파라벤은 화장품·치약 등 생활화학제품과 식품·의약품 등에 주로 사용된다. 주 용도는 해당 제품에서 세균이 잘 자라나지 못하게 하는 것이다(방부제로 첨가). 미국식품의약청(FDA)은 파라벤의 식품이나 사료 첨가를 규제하고 있지만 여전히 다양한 제품에 첨가되고 있다. 개와 고양이 사료에선 파라벤 중에서 메틸파라벤이 주로 검출됐다. 습식 사료보다 건조 사료에 파라벤이 더 많이 포함돼 있다.

3장
플라스틱의 명암

우리는 분명 플라스틱(plastic) 세상에 살고 있다. 플라스틱이 없는 세상은 '메이드 인 차이나(Made in China)' 제품이 없는 세상만큼이나 상상하기 힘들다. 플라스틱은 열·압력으로 형상을 인공적으로 변형시킬 수 있는 고분자 물질이다. 가짓수를 정확하게 추정하기도 힘들 만큼 종류가 다양하다.

플라스틱은 어디에나 있다. 지금 주방이나 사무실을 둘러보면 플라스틱 세상임을 금세 느낄 수 있다. 병·커피 컵·빨대·식료품 가방·식품 포장지·테이크아웃 용기 등이 모두 플라스틱 소재로 만들어졌다.

인간이 플라스틱을 이용하기 시작한 것은 그리 오래되지 않았다. 플라스틱이 처음 개발된 해가 1869년이다. 인쇄공 존 웨슬리 하이엇이 당구공 재료이던 코끼리 상아의 대체물질로 천연수지 플라스틱인 셀룰로이드를 만들어낸 것이 시초다. 최초의 합성수지 베이클라이트가 개발된 것은 1907년, 사전에 플라스틱이 처음 등장한 것은 1911년이다. 플라스틱의 인기는 1950년대부터 높아지기 시작했다. 플라스틱은 놀랄 만큼 빠른 속도로 규모를 키웠다. 1979년 무렵엔 플라스틱 생산이 철강 생산을 넘어섰다.

플라스틱(plastic)이란 단어는 '주물하다', '형태를 만들다'란 뜻의 그리스어 동사 'plassein'에서 유래했다. 모든 플라스틱엔 공통점이 한 가지 있다. 중합체(polymer)란 사실이다. 동일한 단위체(monomer)가 화학적 결합에 의해 계속 반복된 것이 중합체다.

플라스틱은 불멸에 가깝다. 일단 만들어지면 끈질기게 세상에 살아남는다. 2016년 한 해에만 지구에서 3억 2000만t의 플라스틱이 생산됐다. 1950~2016년까지 생산된 총 플라스틱 양은 86억 2000만t인데, 재활용 비율은 10%에 불과했다. 재활용이 가능한 플라스틱도 많다. 소비자의 무관심 탓에 미국에서 플라스틱 재활용률은 7%에 그친다. 전 세계 쓰레기의 10%가량인 플라스틱 쓰레기가 우리 눈엔 쓰레기의 거의 전부인 것처럼 보이는 이유다.

2016년 1년간 전 세계에서 생산된 플라스틱 제품의 약 절반은 일회용 제품이었다. 여기엔 비닐봉지(평균 수명 15분)·포장재·물병·빨대 등이 포함된다. 플라스틱으로 만든 비닐봉지·빨대·일회용 종이컵 등은 사실상 재활용이 불가능하다. 일회용 종이컵의 외부는 종이로 돼 있지만 내부엔 얇은 플라스틱 층이 있다. 커피를 마시는 사람이 화상을 입지 않도록 하고 컵이 너무 빨리 식지 않도록 하기 위해서다. 이 두 가지 서로 다른 재료는 손으로 또는 특수 기계로 분리해야 한다. 이 작업에 너무 많은 시간과 비용이 소요된다. 일회용 종이컵의 재활용이 어려운 이유다.

플라스틱 물병은 사정이 다르다. 완전히 재활용 가능한 PET 플라스틱(페트병)으로 만들어지므로 이론상으론 100% 재활용이 가능하다. 그러나 2006년에 사용된 약 500억 개의 플라스틱 물병 중 23%만 재활용됐다. 우리는 매년 380억 개의 물병을 버린다.

영국 버킹엄궁에서 빨대가 금지된 것은 일회용 플라스틱 사용이 지구 환경에 엄청난 부담이 된다고 판단해서다. 스타벅스(Starbucks)는 환경보호를 이유로 2020년까지 플라스틱 빨대 제공을 금지하겠다고 발표했다.

요즘 플라스틱에 대한 대중의 시선은 그리 호의적이지 않다. 환경호르몬으로 작용하고 지구를 쓰레기 천지로 만드는 값싼 소재라고 평가하는 사람이 많다. 장수거북이 비닐봉지를 해파리인 줄 알고 삼켜 멸종 위기에 처했다는 뉴스는 플라스틱에 대한 대중의 거부감을 높였다. 몇 번 쓰고 버리는 편리한 일회용 라이터가 하와이에 사는 새의 뱃속에서 발견됐 다양한 플라스틱
다는 소식도 플라스틱에 대한
일반인의 부정적인 인식을 심
화시켰다.

미국의 과학 저널리스트인
수전 프라인켈은 저서인《플
라스틱 사회》에서 사탕수수·
사탕무·옥수수 등 식물을 원료로 잘 분해되고 유해물질이 적은
바이오 플라스틱을 개발·생산해야 한다고 주장했다. 이미 일부
업체는 옥수수 소재의 기프트 카드나 비닐봉지 등을 제조했다. 프
라인켈은 소비자의 책임 있는 플라스틱 소비도 강조했다. 가급적
플라스틱을 덜 쓰고 오래 쓰라는 것이다.

플라스틱을 무조건 '천덕꾸러기', '기피 대상'으로만 여겨선 답
이 없다. 플라스틱이라고 해서 다 같은 플라스틱이 아니다. 플라스
틱 시대를 살아가려면 적어도 좋은 플라스틱, 나쁜 플라스틱은 구
분하는 등 소비자가 똑똑해져야 한다.

환경호르몬이라고 하면 플라스틱 용기를 먼저 떠올리는 사람
이 많지만 모든 플라스틱 제품이 환경호르몬 의심 물질을 함유하
고 있는 것은 아니다. 오히려 환경호르몬이 함유된 플라스틱 용기
는 소수다.

플라스틱 종류가 엄청 많은데 대다수 소비자는 '플라스틱은
모두 다 같다'고 오해한다. 플라스틱의 종류별로 안전성 측면에서

큰 차이를 보인다. 소비자는 플라스틱 용기를 무조건 환경호르몬이라고 낙인찍기보다는 제품 라벨에 쓰인 소재를 세심하게 확인하는 등 현명한 소비가 필요하다.

환경호르몬인 비스페놀 A와 관련이 있는 플라스틱 소재는 폴리카보네이트(PC)와 에폭시수지 등 단 두 종뿐이다. 폴리카보네이트는 투명하고 단단한 성질 때문에 밀폐용기, 전기전자 부품이나 플라스틱 렌즈·플라스틱 창유리 등에 많이 사용된다. PVC 등 일부 플라스틱의 가소제로 쓰이는 DEHP 등 프탈레이트도 환경호르몬이다. 엄밀히 말하면 폴리카포네이트·에폭시수지·PVC(폴리염화비닐)을 제외한 플라스틱 소재는 환경호르몬과 무관하다.

식품의약품안전처에 따르면 국내 유통 중인 식품의 용기·포장 재료를 재질별로 순위를 매기면 플라스틱이 단연 1위다. 전체의 84.%가 플라스틱(합성수지)으로 만든 제품이다. 다음은 금속(8.2%)·유리(5.0%)·종이(1.1%)·고무(0.9%) 순서다. 플라스틱 용기·포장을 소재별로 세분하면 폴리에틸렌(PE) 46.3%, 폴리프로필렌(PP) 35.1%, 페트(PET) 15.4%, 폴리스티렌(PS) 1.4% 순이다(2012년 식약처 연구용역 사업 자료). PE와 PP가 전체 플라스틱 용기와 포장의 80% 이상을 점유하고 있는 셈이다. 환경호르몬인 비스페놀 A가 함유된 폴리카보네이트(PC) 소재의 플라스틱은 이미 시장에서 거의 퇴출됐다. 폴리카보네이트 소재의 플라스틱은 식품 용기가 아닌 휴대전화·PC 등 다른 산업에서 여전히 사용 중이다.

플라스틱은 열을 가하면 유연해져 다시 다양한 모양의 제품을 만들 수 있는 열가소성 플라스틱과, 한번 굳어지면 가열해도 유연해지지 않는 열경화성 플라스틱으로 나뉜다. PE·PP·PS·PET·PC 등 'P'자 돌림 플라스틱은 열가소성 플라스틱, 멜라민수지·에폭시수지가 열경화성 플라스틱에 속한다.

폴리에틸렌(PE)은 가공하기 쉬워서 플라스틱 소재 중에서 가장 많이 생산된다. PE엔 가소제(프탈레이트)와 비스페놀 A가 들어 있지 않아 환경호르몬으로부터 안전하다고 볼 수 있다. 폴리에틸렌은 저밀도 폴리에틸렌(LDPE)과 고밀도 폴리에틸렌(HDPE)으로 구분되며 밀도가 높을수록 단단하다.

LDPE는 추위에 잘 견뎌 냉동식품 포장에 많이 사용된다. 투명하고 유연성이 뛰어나 일회용 장갑과 마요네즈·케첩 용기의 재료로도 인기가 높다. HDPE는 LDPE와는 달리 불투명하고 유연성이 떨어진다. 대개 우유·과일주스 용기의 소재로 사용된다. 열에 잘 견뎌 즉석밥 등 레토르트 식품의 포장 재료로도 쓰인다.

폴리프로필렌(PP)은 투명하진 않지만 내열성(耐熱性)이 뛰어난 것이 장점이다. 밀폐용기나 전자레인지용 용기의 소재로 폴리프로필렌이 자주 쓰이는 것은 그래서다. 폴리프로필렌은 세계적인 환경보호단체인 그린피스가 '미래의 자원'이라고 예찬할 만큼 환경호르몬과는 무관한 플라스틱 소재다. 폴리프로필렌은 식품 용기 재료로 사용하기에 가장 적합한 플라스틱 소재로 평가되고 있다.

생수병을 '페트병'이라고 부르는 것은 병의 소재가 폴리에틸렌 테레프탈레이트(Polyethylene Terephtalate), 즉 PET이기 때문이다. PET

는 기체나 수분이 새 나가지 않도록 잘 차단하므로 생수·탄산음료 병의 소재로 적당하다.

폴리스티렌(PS)은 가벼운 플라스틱으로 세 종류가 있다. 요구르트 용기·'바나나 우유' 용기의 소재로 쓰이는 것이 내충격성 폴리스티렌, 컵라면에 주로 사용되는 것이 발포성 폴리스티렌(스티로폼), 일회용 컵·숟가락의 소재로 쓰이는 것이 일반 폴리스티렌이다.

2008년 발생한 중국산 분유 파동의 주역이던 멜라민은 쓰임새가 많은 플라스틱이다. 멜라민 용기는 일반 가정에선 거의 사용되지 않는다. 대개 단체급식소·대중음식점 식탁에 오른다. 내열성이 강한 멜라민은 347도 이상 가열해야 녹는다. 멜라민 용기에서 멜라민이 녹아 나와 음식을 오염시킬 가능성은 거의 없다. 멜라민 용기는 전자레인지에만 넣지 않으면 안전하다고 볼 수 있다. 불안하다면 값싼 멜라민 용기를 자주 교체해 주면 된다.

환경호르몬이 함유된 대표적인 플라스틱은 폴리카보네이트(PC)와 폴리염화비닐(PVC)이다. 폴리카보네이트엔 환경호르몬인 비스페놀 A가 상당량 들어 있다. 투명하고 강도·내열성이 높은 것이 폴리카보네이트의 특징이다. 배달용 대형 물통이나 생맥주 용기 등을 만들 때도 사용된다. 폴리염화비닐은 가공하기 쉽고 질기며 깨지지 않고 불이 잘 붙지 않으며 수명이 긴 것이 장점이다.

플라스틱 용기의 보통 밑면에 표시된 유형(타입) 숫자를 보면 환경호르몬 함유 여부를 알 수 있다. 2번·4번·5번 표시가 된 유형을 선택하면 환경호르몬이 포함되지 않은 플라스틱의 구입이 가능하다.

1번 표시 플라스틱의 주성분은 PETE다. 안전하고 건강에 해롭지 않은 것으로 알려져 있으나 재사용해선 안 되는 플라스틱이다.

2번 표시 플라스틱은 폴리에틸렌의 일종인 HDPE다. 비교적 안전하며 표면에 세균이 축적될 위험도 거의 없다. 우윳빛이 난다는 것이 단점이다. 대개 물·주스·우유를 담는 용기의 소재로 사용된다.

3번 표시 플라스틱인 PVC엔 환경호르몬인 프탈레이트가 들어 있다. 프탈레이트는 정상적인 호르몬의 분비를 방해하고 생식능력을 떨어뜨리는 물질이다. 고온 음식이나 고열에 노출되면 쉽게 변형된다는 것이 PVC의 약점이다.

피하는 것이 좋은 플라스틱과 사용 가능 플라스틱 구분법						
♳ PETE	♴ HDPE	♵ PVC	♶ LDPE	♷ PP	♸ PS	♹ OTHER
재활용 가능	재활용 가능	재활용 불가능	재활용 가능	재활용 가능	재활용 가능	재활용 불가능
음료수병 (콜라, 사이다, 주스 등) 생수병, 간장병, 식용유병	물통, 샴푸, 세제류 용기, 백색 막걸리병	대부분 공업용으로 가정용은 거의 없음	우유병, 막걸리병	상자류 (맥주, 콜라 소주 등), 쓰레기통, 쓰레받기, 물바가지	발효유병, 요구르트병	게임기, 대용량 물통

 플라스틱 밑면에 3, 6, 7 혹은 'PVC, PS, OTHER'라고 쓰여 있는 제품은 비스페놀 A와 프탈레이트가 포함돼 있을 가능성이 높아 가급적 구입을 피해야 하는 제품이다. 대개 부드럽고 탄성이 있는 것이 특징이다.

4번 표시 플라스틱은 대개 가정용 랩이나 종이 포장재에 사용되는 것이다. 5번 표시 플라스틱은 건강에 해를 주지 않는다. 플라스틱 병이나 플라스틱 보관 용기의 소재로 적합하다.

6번 표시 플라스틱은 1번과 많이 닮았다. 일회용 플라스틱 제조에 적합한 재질이다. 사람의 건강에 악영향을 미치는 독성 물질이 함유돼 있다. 1~6번에 해당하지 않는 모든 플라스틱은 7번으로 표시된다.

플라스틱 입장에선 자기를 환경호르몬과 자주 연루시키는 시선이 억울할 수도 있다. 환경호르몬과 무관한 플라스틱도 많기 때문이다. 일부 플라스틱 제품이 환경호르몬의 주 오염원인 것은 부인하기 힘들다. 플라스틱이 타지 않도록 하려고 넣은 브로민화 난연제가 타면 환경호르몬인 다이옥신이 나온다. 플라스틱을 부드럽게 하는 프탈레이트, 플라스틱을 단단하고 투명하게 하는 비스페놀 A가 모두 환경호르몬이다. 플라스틱은 요즘 환경과 건강 측면에서 매우 핫(hot)한 이슈다.

지금까지 만들어진 모든 플라스틱은 어떤 형태로든 환경에 남아 있게 마련이다. '사이언스 어드밴스(Science Advances)'지에 발표된 한 연구에 따르면 세계는 83억t의 플라스틱을 생산했다. 대다수는 매립지에 쌓인 뒤 땅·바다·공기 중으로 흩어진다.

현재 추세가 이어진다면 2050년까지 120억t의 플라스틱이 지구 어딘가에 버려질 것이다. 폐기된 플라스틱 중 일부는 강이나 배수구 등을 타고 바다로 흘러 들어간다. 바다 위를 떠다니는 플라스틱 쓰레기만 현재 3500만t에 이를 정도다. 2025년이면 해양의 플라스틱 쓰레기가 현재의 2배까지 폭증할 수 있다는 예측도 나왔다.

이로 인해 가장 큰 피해를 입는 것은 해양생물이다. 해양생물 전문가는 2050년엔 모든 바닷새 종의 99% 이상이 플라스틱을 섭취할 것으로 추정한다. 1960년엔 바닷새의 5% 미만이 플라스틱을 섭취했다. 이로 인한 피해는 플라스틱이 바닷새의 소화관을 막거나 위장을 막아 영양실조나 기아로 생명을 잃는 결과로 나타났다. 인간의 과다한 플라스틱 소비는 인간을 위한 주요 식재료인 생선을 포함해 바닷새 등 해양생물에 직접적인 악영향을 미친다.

2018년엔 돌고래의 소변에서 환경호르몬인 프탈레이트가 검출돼 충격을 안겼다. 인간이 버린 플라스틱 쓰레기가 돌고래의 먹잇감이 된 것이 원인으로 분석됐다. 간혹 돌고래의 지방이나 피부에서 프탈레이트가 검출됐다는 소식이 전해진 적은 있지만 소변에서 나온 것은 처음이어서 플라스틱 오염에 대한 대중의 우려를 높였다.

바다 속에 사는 거대한 고래는 물론 상어·가오리 등 생태계를 주도하는 생물이 플랑크톤 등 작은 크기의 먹잇감과 함께 떠다니는 미세 플라스틱(micro plastic)에 의해 생존의 위협을 받고 있다. 특히 고래와 돌고래의 50% 이상이 플라스틱을 먹는 것으로 알려졌다. 고래는 썩지 않는 플라스틱 때문에 위가 파열돼 죽기도 한다. 스페인 남부 카보데팔로스 해변에선 몸길이 10m의 고래가 죽은

플라스틱으로 오염된 바닷새　　플라스틱으로 고통받는 고래

채로 발견됐다. 고래의 위장에선 비닐백과 플라스틱 물병 등이 나왔다. 사망 원인은 복막염이었다. 이 고래는 플라스틱 쓰레기를 무려 29kg이나 삼킨 것으로 조사됐다.

　미국 찰스턴대학과 시카고 동물학협회 연구진은 야생 돌고래에서 환경호르몬인 프탈레이트가 검출됐다는 내용의 연구 결과를 학술지 '지오헬스'에 2018년 9월 발표했다. 연구진은 2016∼2017년 미국 플로리다 주 새러소타만에 사는 야생 병코돌고래 17마리의 소변 샘플을 수거해 분석했다. 12마리에서 적어도 1종류 이상의 프탈레이트가 검출됐다. 플라스틱은 해양 동물과 생태계를 위협할 뿐만 아니라 인체 건강에도 심각한 해를 줄 수 있다.

　플라스틱의 뼈대인 중합체(polymer) 자체는 일반적으로 이렇다 할 독성이 없는 것으로 알려졌다. 플라스틱엔 중합체 말고도 여러 종류의 화학물질이 포함돼 있다. 플라스틱 제조과정에서 가소제·난연제·자외선 안정제·열 안정제·염료·충전제·촉매·용매 등 다양한 첨가제가 섞인다. 여기엔 수천 종에 달하는 화학물질이 사용된다. 이 중엔 환경호르몬을 비롯해 독성물질·발암물질·중금속 등 다양한 유해물질이 포함돼 있다.

하천이나 바다로 유입된 플라스틱은 물속에 녹아 있던 각종 오염물질을 빨아들인다. 특히 잔류성 유기오염물질, 잔류성과 생물 농축성이 있는 독성물질, 중금속 등은 플라스틱에 강하게 끌린다. 예로 잔류성 유기오염물질의 일종인 폴리염화비페닐(PCBs)은 물속 농도보다 100만 배 정도 높게 그 물속의 플라스틱에 달라 붙는다. 하천·바닷물 속 플라스틱은 '화학물질의 칵테일'이라고 할 수 있다.

현재 일상생활에서 플라스틱을 모두 추방하는 일은 불가능하다. 플라스틱의 사용을 원천적으로 줄이고 사용된 플라스틱을 최대한 재활용하도록 노력하는 것이 우리가 플라스틱의 위협을 줄이기 위해 반드시 해야 하는 최소한의 행동이다. 빨대를 사용하지 않고 재사용 가능한 물병으로 바꾸거나 식품을 담는 플라스틱백(비닐백) 사용을 자제하는 것만으로도 플라스틱 소비를 크게 줄일 수 있다.

식품 용기에서 플라스틱을 제외시키는 것도 한 방법이다. 유리그릇이나 흙으로 빚은 용기, 스테인리스·나무 재질 용기로 대체한다. 치약·세정제·화장품 등에 플라스틱이 사용되지 않았는지 확인하고 만약 포함됐다면 제품을 교체한다. 생수병(PET병)에 담긴 생수를 마시지 않는다. 정수해 마시거나 생수를 담는 용기를 바꾼다.

환경호르몬으로부터 우리 건강을 지키기 위해선 무엇보다 플라스틱 용기가 고온에 노출되지 않도록 주의해야 한다. 높은 온도가 가해지면 플라스틱 용기 내의 환경호르몬이나 독성물질이 음식으로 흘러 들어갈 수 있기 때문이다.

건강을 위해선 재활용(recycled) 플라스틱으로 만든 식품 용기도 피한다. 재활용 플라스틱을 사용해 만든 식품 용기에 70~80도의 뜨거운 음식을 담으면 플라스틱 내의 환경호르몬 등 유해 성분이 음식으로 용출돼 나온다. 플라스틱이 긁히면 용출과정이 빨라진다. 긁히고 상처가 난 플라스틱 제품, 특히 식품 보관 용기라면 주저 말고 버려야 한다.

최근엔 플라스틱 이상으로 전 세계적인 우려와 관심을 모으고 있는 것이 미세 플라스틱(microplastics)이다. 2015년 권위 있는 학술지 '사이언스지'에 실린 '해양 플라스틱 쓰레기'란 제목의 연구 논문에 따르면 2010년에 바다로 유입된 플라스틱 쓰레기는 약 480만~1270만t에 달한다.

플라스틱 쓰레기는 거친 해류와 태양 자외선(UV)에 의해 점점 더 작은 조각으로 쪼개지면서 직경 5mm 이하의 미세 플라스틱이 돼 해양생물의 뱃속에 들어간다.

미세 플라스틱은 마이크로비드(1μm=1/1000mm 크기)라고도 불린다. 마구 버려진 폴리에틸렌(PE)·폴리프로필렌(PP) 등 플라스틱이 시간이 지나면서 잘게 쪼개진 것이다. 현재 전 세계의 바다로 흘러 들어가는 미세 플라스틱의 양은 그 수치를 가늠하기조차 어려울 정도다.

2015년 영국에서 발표된 '해양 속 작은 플라스틱 쓰레기에 관한 국제 목록' 논문에 따르면, 바다 속엔 최소 15조~최대 51조의 미세 플라스틱이 존재하는 것으로 추정된다. 눈에 보이는 크기의 플라스틱 조각을 사람이 직접 먹을 일은 없다. 미세 플라스틱이라면 문제가 달라진다. 미세 플라스틱을 해양생물이 섭취하는 것 자체는 그리 큰 문제가 아니다. 해양생물이 미세 플라스틱을 먹어도 내장에 그리 오래 남아 있지는 않기 때문이다.

한국해양과학기술진흥원의 2017년 조사를 보면, 경남 거제와 마산 일대의 양식장과 근해에서 잡은 굴·담치·게·갯지렁이의 97%인 135개 개체의 몸속에서 미세 플라스틱이 발견됐다. 이는 생태계 먹이사슬의 밑바닥부터 미세 플라스틱 오염이 광범위하게 진행되고 있음을 시사한다.

해양생물의 몸속으로 들어간 미세 플라스틱 대부분은 소화기관에 머물다 배설된다. 내장을 제거하고 먹는 생선을 통해 사람이 미세 플라스틱에 노출될 가능성은 크지 않다. 내장까지 모두 먹는 홍합·굴·새우 등의 섭취를 통해 사람이 미세 플라스틱에 노출될 가능성은 배제할 수 없다. 이 연구에서 유럽인은 홍합·굴 섭취를 통해 매년 평균 1만 1000개의 미세 플라스틱을 먹는 것으로 추산됐다.

조개류의 내장을 제거하고 먹는다고 문제가 사라지는 것도 아니다. 나노미터(10억분의 1m) 수준의 작은 미세 플라스틱은 해양생물

미세 플라스틱으로
오염되기 쉬운 굴

의 세포벽을 통과해 내장 이외의 조직까지 침투할 수 있기 때문이다. 내장을 제거하더라도 일부는 여전히 몸속에 남아 있을 가능성이 있다.

플라스틱 조각을 반복적으로 섭취한 생선·바닷새·거북·고래 등 해양동물에겐 물리적 위협이 가해진다. 소화기가 막히거나 손상되고, 소화 용량이 줄어 쇠약해지면서 성장이 둔화되고 결국은 죽음에 이르기도 한다. 미세 플라스틱에 함유된 환경호르몬 등 유해 화학물질에 의한 잠재적 위험도 결코 가볍게 볼 수 없다.

미세 플라스틱은 갈매기·펭귄 등 바닷새의 먹이가 된다. 멸치에서 고래에 이르기까지 거의 모든 해양생물의 몸속에 미세 플라스틱이 쌓이고 있다. 조개류는 물론이고 해조류 등 해양생태계 전체를 교란시키고 있는 상태다.

미세 플라스틱을 먹은 바닷새나 생선·조개류는 번식 이상을 초래한다. 해양 포유동물은 병에 걸리거나 죽는다. 2018년엔 소금(천일염)까지 미세 플라스틱에 오염된 사실이 알려지면서 밥상에 비상이 걸렸다.

대서양 북서부 심해 물고기 가운데 4분의 3에 가까운 물고기에서 미세 플라스틱이 발견됐다. 2018년 2월 '해양과학프론티어(Frontiers in Marine Science)'지에 게재된 아일랜드 갤웨이 국립대학 연구진의 연구 결과에 따르면 많은 물고기에서 여러 개의 미세 플라스틱이 나왔다. 4.5cm 크기의 랜턴피시(심해의 발광어) 뱃속에선 13개의 미세 플라스틱이 검출되기도 했다.

수돗물에서도 280μm 크기의 폴리프로필렌 재질의 미세 플라스틱이 검출됐다. 일회용 종이컵 뚜껑·음료수 병 등 플라스틱이 바다에 떠다니는 과정에서 미세 플라스틱으로 쪼개져 수돗물에 유입된 것으로 추정됐다.

2018년 초 세계보건기구(WHO)는 인기 있는 생수 브랜드 중 93%에서 미세 플라스틱이 검출되자 플라스틱 물병에 담긴 물에 대한 집중 추적에 나섰다. 미국 뉴욕주립대학의 연구에 따르면, 9개국에서 시판되는 11개 브랜드의 플라스틱 물병의 물을 분석한 결과 플라스틱 입자의 양이 이전 연구의 수돗물에서 검출된 양보다 두 배나 많은 경우도 있었다.

플라스틱 물병에 든 물의 분석 결과, 물 1l에서 100μm보다 큰 플라스틱 입자가 10.4개, 6.5~100μm 크기인 플라스틱 입자가 325개나 나왔다. 엄격한 여과 방법을 사용하는 생수 제조업체는 이 연구 결과를 받아들이지 않았다. 플라스틱 입자가 전혀 없는 물을 제조하는 것은 불가능에 가깝다는 점을 인정했다.

미국의 비영리 언론기관 오르브 미디어(Orb Media)는 2017년 미네소타대학 공중보건대와의 공동조사를 통해 미국·유럽·아시아 등의 14개 나라 수돗물 샘플 159개 중 83%에서 미세 플라스틱이 검출됐다고 발표했다. 매일 마시는 수돗물까지 미세 플라스틱에 오염된 사실이 확인되자 우리나라 환경부는 2017년 9월 국내 실태를 파악하기 위한 조사를 추진할 계획이라고 밝혔다.

미국 등 선진국도 미세 플라스틱 대책을 잇달아 내놓고 있다. 2015년 미국의 각 주에선 미세 플라스틱 사용 금지를 선언하는 등 발 빠른 행보를 보이기 시작했다. 2017년 미국의 트럼프 대통령은 세안 제품에 미세 플라스틱 사용을 금지하는 법에 서명했다. 다국적 위생 제품 생산업체도 앞다퉈 생산 중단을 선언했다.

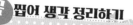 

꼭 꼭 **짚어 생각 정리하기**

'**3부 세상의 모든 환경호르몬**'에선 현재 환경호르몬으로 규정됐거나 의심을 받고 있는 다양한 물질이 소개된다. 각종 환경호르몬을 함유하고 있는 다양한 제품도 등장한다. 환경호르몬이 든 제품이 의외로 많다는 것을 실감하게 될 것이다. 환경호르몬 노출을 피하려면 어떤 제품에 환경호르몬이 들어 있는지 아는 것이 중요하다. 우리 주변에서 흔히 볼 수 있는 환경호르몬 제품은 무엇인지 점검해 보자.

'**1장 환경호르몬의 종류**'에선 환경호르몬으로 의심받고 있는 화학물질이 무엇인지 보여준다. 환경호르몬은 하나의 유해물질이 아니다. 다이옥신을 비롯해 수많은 화학물질이 환경호르몬으로 의심받고 있다. 우리 주변 도처에 있는 환경호르몬이 무엇인지 찾아보자. 환경호르몬과 환경호르몬 의심 물질을 어떻게 구분하고 대처해야 하는지도 논의해 보자.

'**2장 환경호르몬 함유 제품**'에선 예상 외의 제품, 예를 들어 개와 고양이 사료·살충제·영수증·양초·매니큐어·라벤더 오일·카펫·아웃도어 의류·텀블러·캔 같은 제품에도 환경호르몬이 포함될 수 있다는 사실을 보여준다. 우리 생활 속에 숨어 있는 환경호르몬 제품을 찾아보자. 또 그 대안은 무엇인지도 논의해 보자.

'**3장 플라스틱의 명암**'에선 대표적인 환경호르몬 함유 제품으로 알려진 플라스틱에 대한 오해와 진실이 소개된다. 환경호르몬이 함유된 플라스틱과 미함유된 플라스틱이 등장한다. 최근 이슈화된 미세 플라스틱도 언급된다. 환경호르몬에 대한 공포와 우려 때문에 플라스틱을 포기한 경우의 미래 사회상과 득실을 함께 따져 보자. 플라스틱을 계속 사용하도록 허용해야 하는지에 대해서도 논의해 보자.

환경
호르몬으로부터
가족을
지키는방법

1장
환경호르몬 노출 최소화

자녀가 김이 펄펄 나는 물을 플라스틱 컵에 담아 마시는 광경을 옆에서 지켜 본 부모는 기겁했다.

"그런 컵에 뜨거운 거 담아 먹으면 어떡해! 환경호르몬 나와."

"모든 플라스틱 컵에서 나와요? 그럼 물을 식혔다 마셔야 해요? 아니면 식힌 물을 컵에 담아야 해요?"

부모는 헷갈린다. 대답하기 궁색한 것은 전문가도 마찬가지다. 환경호르몬은 아직 학계에서도 사안에 따라 찬반양론이 극명하게 갈리는 대상이기 때문이다. 소비자는 어떻게 해야 할까? 확실한 결론이 내려지기 전까진 가능한 한 '사려 깊은 회피'를 하는 것이 최선의 대책이다.

다음은 국내외 미디어·기관 등에서 발표한 환경호르몬 노출 줄이는 법을 소개한 것이다. 중복되는 내용도 있지만 그대로 소개한다.

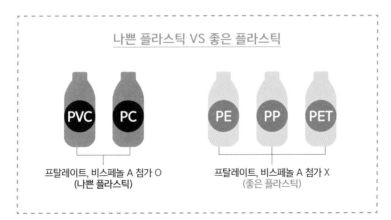

나쁜 플라스틱 VS 좋은 플라스틱

PVC PC

PE PP PET

프탈레이트, 비스페놀 A 첨가 O
(나쁜 플라스틱)

프탈레이트, 비스페놀 A 첨가 X
(좋은 플라스틱)

첫째, 플라스틱 용기 제품 구매 시 'PE·PP·PC·PET…' 등 플라스틱의 종류를 살핀다. 폴리에틸렌(PE)·폴리프로필렌(PP)·트라이탄(PCT)·펫(PET) 등이 소재인 플라스틱 용기에선 비스페놀 A가 일체 검출되지 않는다. 제조 시 비스페놀 A를 사용하지 않기 때문이다.

둘째, 플라스틱 용기에 담긴 음식을 전자레인지에 넣어 조리할 때는 그릇이 '전자레인지용'인지 반드시 확인한다.

셋째, 최근 가정용 랩은 대부분 폴리에틸렌(PE) 소재로 만든다. 일부 PVC 소재 업소용 랩에선 환경호르몬인 프탈레이트가 용출될 우려가 있다.

넷째, 캔 음료나 통조림을 직접 가열하는 것은 피한다. 캔 내부가 비스페놀 A로 코팅돼 있기 때문이다. 캔을 가열하거나 찌그러진 캔에 든 음료를 마시면 비스페놀 A에 더 많이 노출될 수 있다.

다섯째, 김치나 깍두기 등을 담을 때 흔히 사용하는 재활용 고무대야도 사용을 피하는 것이 좋다. 납이나 카드뮴 등 중금속 노출 우려가 있기 때문이다.

세계야생기금(WWF)도 환경호르몬 노출을 줄이는 데 효과적인 10가지 방법을 선정해 발표했다.

다음은 캐나다 웹사이트에서 발췌한 내용(http://www.wwfcanada.org)이다.

미국의 뉴스 미디어인 '뉴스맥스(Newsmax)'는 '환경호르몬 피하는 법(How to Avoid Endocrine Disruptors)'이란 제목의 2018년 3월 12일자 기사를 통해 환경호르몬에 덜 노출되는 방법 12가지를 소개했다.

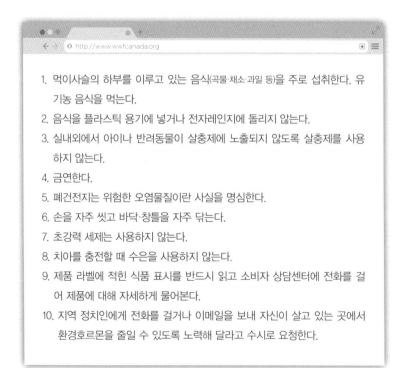

1. 먹이사슬의 하부를 이루고 있는 음식(곡물·채소·과일 등)을 주로 섭취한다. 유기농 음식을 먹는다.
2. 음식을 플라스틱 용기에 넣거나 전자레인지에 돌리지 않는다.
3. 실내외에서 아이나 반려동물이 살충제에 노출되지 않도록 살충제를 사용하지 않는다.
4. 금연한다.
5. 폐건전지는 위험한 오염물질이란 사실을 명심한다.
6. 손을 자주 씻고 바닥·창틀을 자주 닦는다.
7. 초강력 세제는 사용하지 않는다.
8. 치아를 충전할 때 수은을 사용하지 않는다.
9. 제품 라벨에 적힌 식품 표시를 반드시 읽고 소비자 상담센터에 전화를 걸어 제품에 대해 자세하게 물어본다.
10. 지역 정치인에게 전화를 걸거나 이메일을 보내 자신이 살고 있는 곳에서 환경호르몬을 줄일 수 있도록 노력해 달라고 수시로 요청한다.

기사에 실린 일상생활 속에서 환경호르몬 노출을 줄이는 방법을 요약하면 이렇다.

첫째, 식품 구입 등 식생활에 주의할 필요가 있다. 먼저 농약을 사용하는 일반 농산물 대신 유기(친환경) 농산물을 선택한다. 지방이 많은 육류보다 곡류·채소·과일 등을 즐긴다. 환경호르몬은 지방에 들어 있을 가능성이 높기 때문이다. 같은 이유로 육류는 지방을 떼어 내거나 뜨거운 물에 삶아 기름을 제거한 후 조리·섭취한다. 어패류도 지방이 많은 내장·아가미·껍질·비늘 등을 제거한 후 먹는다.

일상에서 환경호르몬인 다이옥신의 섭취를 최대한 줄이려면 조리할 때 고기나 생선의 내장은 제거한다. 다이옥신은 내장 등 지방이 많은 부위에 주로 축적되기 때문이다. 가공식품의 섭취도 되도록 자제하는 것이 좋다.

2007년 금산사 템플 스테이(사찰 체험)에 참가한 성인 25명을 대상으로 한 연구에서 4박 5일간의 사찰음식 섭취 후 체내 프탈레이트가 급감했다는 사실도 참고할 만하다. 전자레인지에 플라스틱 또는 랩으로 음식을 씌워 데우는 일을 피한다. 과일·채소는 흐르는 물에 깨끗이 씻고 되도록 껍질을 벗긴 뒤 섭취한다.

둘째, 생활환경 개선도 필요하다. 일회용 식품용기의 사용을 줄이는 것이 중요하다. 플라스틱 우유통·급식용기의 사용을 자제한다. 플라스틱에선 비스페놀 A나 프탈레이트 등 환경호르몬이 용출될 수 있다. 치아 치료 시 아말감의 사용도 되도록 피한다. 아말

감에서 환경호르몬인 수은이 녹아 나올 수도 있기 때문이다. 세제 사용 시 강성 세제나 환경호르몬 함유 세제의 사용을 자제한다. PVC가 함유된 어린이용 장난감은 구입하지 않는다. 손의 청결 유지와 금연도 환경호르몬 노출을 줄이는 방법이다.

셋째, 생활 주변이 환경호르몬에 덜 오염되도록 한다. 이를 위해 파리·모기 등 해충 구제를 위한 살충제의 과도한 사용을 피한다. 주거지 주변의 정원이나 텃밭에 농약을 살포하지 않는다. 폐건전지·파손된 수은 온도계·형광등 등 유해 폐기물을 적절하게 처리한다. 플라스틱 제품을 어린이가 입에 대지 않도록 주의시킨다. 환경호르몬을 옮길 수 있는 바퀴벌레를 퇴치한다.

플라스틱 피라미드

3 폴리염화비닐 PVC

7 폴리우레탄(PU), ABS, 폴리카보네이트(PC) OTHER   6 폴리스틸렌 PS

1 페트 PETE

2 HDPE 4 LDPE 폴리에틸렌(PE)   5 폴리프로필렌(PP) PP

7 생분해성 플라스틱 OTHER

국제환경단체 그린피스가 유해 물질 발생 기준에 따라
플라스틱의 위험 순위를 매긴 것이다. 아래 쪽으로 갈수록 위험 순위가 낮다.

넷째, 플라스틱 그릇을 사용할 때는 먼저 용기의 밑바닥이나 옆면 표시를 확인한다. 이때 'PE·PP·PC·PET…' 등 플라스틱의 종류를 살핀다.

현재 식약처에서 '식품용 기구 및 용기·포장'의 관리 대상 플라스틱 종류만 해도 폴리에틸렌(PE)·폴리프로필렌(PP) 등 38종에 이른다.

플라스틱 용기라고 해서 다 같은 것이 아니다. 안전성에선 분명한 차이가 있다. 소비자는 플라스틱 용기를 무조건 환경호르몬이라고 낙인찍기보다는 제품 라벨에 쓰인 소재를 세심하게 확인하는 등 현명한 소비가 필요하다.

플라스틱 용기에 포함된 환경호르몬은 프탈레이트(DEHP)와 비스페놀 A(BPA)다. 폴리카보네이트·PVC 같이 비스페놀 A·프탈레이트 등 환경호르몬이 든 플라스틱 용기를 구입하거나 사용하지 않는 것은 현명하다. 특히 임산부는 폴리카보네이트 소재의 플라스틱 용기를 가까이하지 않는 것이 좋다. PVC 랩 등 일회용 식품 포장과 전자레인지를 이용한 조리 횟수를 줄이면 모유 내 DEHP 등 프탈레이트 검출량을 대폭 낮출 수 있다는 연구 결과도 나왔다.

플라스틱 용기에 고열의 음식·뜨거운 물·알코올(술)·기름진(지방) 음식을 담아두거나 햇볕을 직접 받게 하는 등 '스트레스'를 가하는 일도 삼간다.

PVC 소재의 랩에서 프탈레이트 등 플라스틱 가소제 성분이 녹아 나오지 않도록 랩으로 싼 음식이 100도를 넘지 않도록 가열

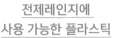

 폴리에틸렌(HDPE)

 폴리프로필렌(PP)

 트라이탄(PCT)

전자레인지 이용 시 '전자레인지용' 플라스틱 용기인지 확인하기

에 주의해야 한다. 플라스틱 기구·용기·포장에서 재질명·업소명·소비자 안전을 위한 주의사항 등 표시사항을 꼼꼼히 확인하는 것도 중요하다. 플라스틱 용기에 담긴 음식을 전자레인지에 넣어 조리할 때는 용기가 '전자레인지용'인지 반드시 확인한다.

캔 음료나 통조림의 직접 가열도 피한다. 다수의 캔 내부가 환경호르몬인 비스페놀 A로 코팅돼 있기 때문이다. 캔을 가열하거나 찌그러진 캔에 든 음료를 마시면 비스페놀 A에 더 많이 노출될 수 있다.

플라스틱 용기의 위험성에 대해선 찬반양론이 존재한다. 플라스틱 용기가 그리 위험하지 않다는 주장을 옮기면 다음과 같다.

첫째, 플라스틱 용기에 뜨거운 식품이 닿아도 모든 플라스틱에서 환경호르몬이 녹아 나오는 것은 아니다. 국내 소비자가 주로 사용하는 플라스틱 조리기구나 용기의 소재는 폴리에틸렌(PE)과 폴리프로필렌(PP) 등이다. 이 둘은 프탈레이트·비스페놀 A 등 환경호르몬을 원료로 사용하지 않는다.

폴리에틸렌이나 폴리프로필렌으로 만든 식품용기에 뜨거운 식품을 담아도 환경호르몬이 녹아 나오지 않는다. 설령 비스페놀 A ·프탈레이트 등 환경호르몬이 포함된 플라스틱(폴리카보네이트·PVC)이라고 하더라도 허용기준·규격을 넘지 않는다면 안전하다고 볼 수 있다.

둘째, 플라스틱 용기를 전자레인지에 넣고 돌려도 환경호르몬이 녹아 나올 가능성은 거의 없다. 전자레인지용 플라스틱 용기의 소재인 폴리프로필렌(PP)과 페트(PET)엔 환경호르몬인 프탈레이트나 비스페놀 A가 들어 있지 않기 때문이다. 전자레인지의 마이크로파는 플라스틱 용기 자체를 가열하지 않는다.

셋째, 페트병에선 환경호르몬이 나오지 않는다. 뜨거운 물을 페트병에 담으면 병이 찌그러진다. 이는 환경호르몬의 용출과는 무관하다. 탄산음료나 생수병을 페트로 만들 때는 열처리과정을 거치지 않으므로 50도만 약간 넘어도 페트병이 변형된다. 페트병에 뜨거운 물을 담으면 찌그러지거나 하얗게 변하는 것은 단지 열에 약하기 때문이다.

페트병은 원료인 쌀알 크기의 페트 칩(chip)을 녹인 뒤 공기를 불어넣어 만든다. 페트병을 제조할 때도 프탈레이트·비스페놀 A 등 환경호르몬을 원료로 사용하지 않는다. 식품의약품안전처의 검사에서도 페트병에서 비스페놀 A·프탈레이트 등 환경호르몬이 미검출됐다.

넷째, 일회용 종이컵은 환경호르몬 노출과 무관하다. 플라스틱은 일회용 종이컵에도 들어 있지만 일회용 종이컵을 통해 환경호르몬에 노출될 가능성은 낮다. 물이나 커피 등을 담았을 때 액체가 새는 것을 방지하기 위해 식품과 접촉하는 면을 플라스틱으로 코팅한다.

일회용 종이컵의 코팅제인 폴리에틸렌(PE)도 플라스틱의 일종이다. 폴리에틸렌이 녹는 온도는 105~110도로 물이 끓는 온도인 100도보다 높다. 폴리에틸렌을 코팅제로 사용한 종이컵에 끓는 물을 담아도 폴리에틸렌이 거의 녹아 나오지 않는 것은 그래서다.

일회용 종이컵에 물이나 커피 등을 담아 전자레인지에서 데우는 행위도 기본적으론 안전하다고 볼 수 있다. 튀김·순대 등 기름기가 많은 음식을 종이컵에 담아 전자레인지에서 데우면 음식 내기름의 온도가 폴리에틸렌이 녹는 온도 이상으로 올라가 폴리에틸렌이 녹거나 종이에서 벗겨질 수 있다. 일회용 종이컵에선 환경호르몬인 프탈레이트(DEHP)는 검출되지 않는다. 종이컵 코팅에 쓰이는 폴리에틸렌은 원래부터 유연한 성질이어서 굳이 프탈레이트 같은 가소제를 사용할 필요가 없어서다.

다섯째, 폴리카보네이트 소재의 식품용기라도 안전성에 큰 문제가 있는 것은 아니다. 폴리카보네이트(PC) 용기나 에폭시수지로 코팅한 통조림 캔에 식품을 담으면 환경호르몬인 비스페놀 A가 녹아 나올 수는 있지만 가능성은 낮다는 것이다. 비스페놀 A가 폴리카보네이트(PC)나 에폭시수지와 단단하게 결합돼 있기 때문이다. 폴리카보네이트 소재의 플라스틱 용기나 에폭시수지 코팅된 통조림 캔에 식품을 담아도 비스페놀 A의 용출량은 소량이다.

이를 근거로 식품의약품안전처는 식품용기에 함유된 비스페놀 A가 기본적으로는 안전성에 큰 문제가 없다고 본다. 식약처는 2012년 7월부터 비스페놀 A를 사용한 유아용 젖병의 제조·수입·판매를 전면 금지했다. 폴리카보네이트 소재 젖병의 실제 안전성에 문제가 있다고 판단했다기보다는 신생아만큼은 국내·외에서 안전성 논란을 부른 비스페놀 A로부터 완전히 자유롭게 한다는 사전 예방 차원의 조치였다고 식약처는 설명했다.

미국 식품의약청(FDA)도 비스페놀 A에 대한 경고를 내리지 않았다. 식품에서 검출되는 비스페놀 A가 소량이어서 인체에 해를 끼치지 않는다고 봐서다.

플라스틱 용기의 유·무해는 용출 실험을 통해 판정된다. 용출 실험 결과 DEHP 등 환경호르몬의 용출량이 허용기준을 넘지 않으면 안전한 용기로 취급된다. 식품의약품안전처는 식품용기로 사용되는 플라스틱의 안전성을 확보하기 위해 재질 기준과 용출 기준을 두고 있다. 플라스틱 용기에 환경호르몬 등 유해물질이 '들어 있다'(함유)는 것과 유해물질이 '녹아서 음식으로 흘러 들어온다'(용출)는 것은 완전히 다른 개념이다.

환경호르몬·중금속 등 유해물질이 검출되더라도 허용기준 미만이면 판매를 허용하고, 허용기준 이상이면 판금 조치를 내리기 위해서다. 독성학에선 설사 유해물질이 존재한다고 하더라도 허용기준보다 양이 적다면 소비자의 건강에 해를 미치지 않는다고 본다.

식품용기·포장 재료로 사용하려면 재질 기준과 용출 기준을 모두 만족시켜야 한다. 한 가지라도 기준을 초과하면 시판 부적합 판정을 받는다. 1999년 당시 식약청은 PC(폴리카보네이트) 소재의 유아용 젖병에서 환경호르몬인 비스페놀 A가 얼마나 녹아 나오는지를 밝히기 위해 국내에서 유통 중인 유아용 젖병에 대한 용출 시험을 실시했다.

이를 위해 폴리카보네이트 소재 젖병에 60도의 뜨거운 물을 담은 뒤 30분간 방치했다. 이어 비스페놀 A 함량을 검사했다. 모든 제품에서 비스페놀 A는 불검출되었다. 물을 담은 젖병을 전자레인지에 넣고 1분·2분·3분·4분·5분 등 시간을 달리해 작동시킨 뒤 물에서 비스페놀 A 함량을 쟀다. 이 실험에서도 비스페놀 A는 불검출됐다.

소비자가 더 관심을 가져야 할 것은 용출 기준이다. 소비자는 플라스틱 자체를 먹는 것이 아니라 플라스틱 용기에서 용출돼 나온 환경호르몬 등 유해물질을 섭취하기 때문이다.

환경호르몬 문제가 아니더라도 플라스틱 식품용기 등 주방 기구를 다룰 때 조심해야 할 점이 여럿 있다. 플라스틱 반찬통이나 밥그릇을 거친 수세미나 솔로 씻으면 흠집이 생기고 음식물 찌꺼기가 끼어 미생물이 증식할 수 있다. 또한 플라스틱 용기는 햇빛에 직접 노출되면 변색 등 품질 변화가 빨리 일어나므로 직사광선을 피해 보관하는 것이 원칙이다.

일부 학자는 알루미늄 용기의 유해 가능성에 대해서도 우려를 표시한다. 노인성 치매(알츠하이머병)·파킨슨 병 등이 알루미늄 노출량과 관련이 있을 것으로 의심해서다. 세계보건기구(WHO)와 식약처는 "알루미늄 섭취와 알츠하이머병은 무관하다"는 입장이다.

알루미늄은 캔이나 조리 용기를 통해 유입될 수 있다. 대부분의 음료 캔은 수지 코팅이 돼 있어 알루미늄이 용출되지 않거나 소량만 흘러나온다. 캔의 코팅에 상처가 나 있으면 알루미늄이 더 쉽게 빠져 나온다. 캔 음료는 가능한 한 빨리 마시는 것이 바람직하다.

알루미늄 포일엔 코팅돼 있지 않다. 포일의 반짝이는 면을 수지 코팅으로 여기는 사람이 많지만 이는 코팅과는 무관하다.

금속성인 알루미늄 용기에 산(酸)이나 염분이 많은 토마토·양배추·매실 절임·간장 등을 담아 보관하면 알루미늄이 소량 녹아 나올 수 있으므로 주의한다. 이런 식품을 알루미늄 포일로 싸서 장기간 보관하는 것도 금물이다.

불소 수지가 코팅된 냄비·프라이팬을 아무것도 없는 상태로 2분만 가열해도 380도 이상의 고온에 이른다. 이때 유해 가스와 입자가 배출될 수 있다. 빈 냄비나 프라이팬을 오래 가열하면 안되는 이유다.

2018년부터는 모든 식품용 기구에 '식품용'이란 표시를 하고 있다. 소비자는 해당 표시를 확인 후 구입해야 한다. 양파망·재활용 고무대야·플라스틱 바가지 등 '식품용'이 아닌 기구를 조리에 사용하면 인체에 유해할 수 있다.

플라스틱 식품 용기와 전자레인지의 '궁합'을 아는 것도 환경호르몬 섭취를 줄이는 데 도움이 된다. 뜨거운 물을 부어 2분(1000W 기준) 또는 2분30초~2분40초(700W 기준) 동안 전자레인지에 추가로 데워 먹는 것이 간단한 컵라면 조리법이다. 이 전자레인지용 라면 용기는 고온에 잘 견디며 환경호르몬 우려가 없는 폴리프로필렌(PP) 재질의 플라스틱으로 제조돼 안정성에 문제가 없다.

플라스틱 중에선 폴리프로필렌(PP)·결정화 페트(C-PET)·폴리에틸렌(HDPE) 소재의 플라스틱이 '전자레인지용'이다. 단 지방·설탕이 많은 식품을 폴리에틸렌 소재의 그릇에 담으면 100도 이상에선 폴리에틸렌이 녹아 나올 수 있다는 사실을 기억해야 한다. 폴리에틸렌 소재의 플라스틱 용기는 수분이 많은 식품을 담는 데만 사용한다.

한국·일본·미국·유럽연합(EU) 등에서 전자레인지용 용기의 소재로 가장 널리 사용하는 것이 폴리프로필렌이다. 폴리프로필렌은 제조할 때 프탈레이트·비스페놀 A 등 환경호르몬을 원료를 사용하지 않으므로, 이들이 검출될 가능성은 거의 없다. 속이 들여다보이지 않는 밀폐용기라면 소재가 폴리프로필렌이기 쉽다.

일회용 종이컵을 전자레인지에 넣을 때도 '전자레인지용' 표시를 확인한다. 전자레인지에 넣어선 안 되는 것은 폴리스티렌(PS)·멜라민수지·페놀수지·요소수지로 만든 플라스틱 용기다. 컵라면·요구르트 용기 등에 사용되는 폴리스티렌은 열에 약해 고온에서 녹을 수 있다. 멜라민수지·페놀수지·요소수지는 원료물질로 사용된 포름알데히드(1군 발암물질)가 고온에서 용출될 우려가 있다.

2장
디톡스

　　　　　　　　우리 몸은 환경호르몬 같은 유해물질
이 들어왔을 때 스스로 해독과정에 들어간다. 간·폐·피부·신장
등 신체의 주요 장기는 독소를 몸 밖으로 내보내는 디톡스(detox)
를 매일 자동 실행하고 있다. 디톡스의 주역은 해독 장기로 일컬
어지는 간(肝)이다. 간에서 각종 독성물질의 분해·해독·대사를 담
당하는 사이토크롬 P450 효소가 활발하게 임무를 수행하는 것도
디톡스다. 구토·설사·구역질도 일종의 디톡스 행위다.

　신체의 디톡스만으론 2% 부족하다. 환경호르몬을 비롯해 식품
오염·환경오염·약물 오남용·과다한 스트레스 등 우리 생활 주변
에 각종 독소가 넘쳐나고 있기 때문이다.

　디톡스 요법의 역사는 예상보다 훨씬 과거로 거슬러 올라간다.
5000년 전 인도에서 시작된 아유르베다 의학과 요가의 요체도 몸
안의 독소를 제거하는 것이다. 자신의 신념이나 정치적 의사 표현
을 위해 자주 활용하는 단식도 원래는 몸 안에 쌓인 독소를 없애
기 위해 행해졌다.

　디톡스엔 세 가지 원칙이 있다.

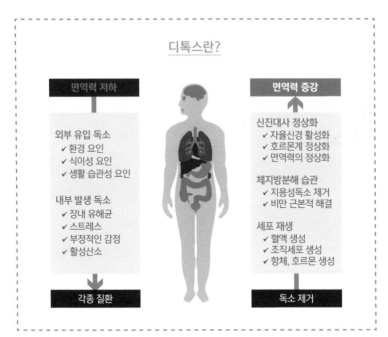

디톡스란?

면역력 저하

외부 유입 독소
✔ 환경 요인
✔ 식이성 요인
✔ 생활 습관성 요인

내부 발생 독소
✔ 장내 유해균
✔ 스트레스
✔ 부정적인 감정
✔ 활성산소

각종 질환

면역력 증강

신진대사 정상화
✔ 자율신경 활성화
✔ 호르몬계 정상화
✔ 면역력의 정상화

체지방분해 습관
✔ 지용성독소 제거
✔ 비만 근본적 해결

세포 재생
✔ 혈액 생성
✔ 조직세포 생성
✔ 항체, 호르몬 생성

독소 제거

첫째, 유해물질이 우리 몸에 과도하게 들어오는 것은 막는다. 독소의 유입을 최소화하는 것이다. 환경호르몬은 물론 폭음·폭식·흡연·식품첨가물 남용·가공식품 등을 가능한 한 적게 섭취하는 것이 최선이다. 대신 가격이 조금 비싸더라도 유기농산물을 사서 먹고 정기적으로 운동하며 장이 제 기능을 다할 수 있도록 식사를 제때 꼬박꼬박 해야 한다. 물은 하루 8잔 이상 충분히 마시고 육류 대신 과일·채소를 즐기며, 현미·잡곡 등 거칠고 식이섬유가 많이 든 식품을 즐겨 먹는 것도 방법이다.

둘째. 우리 몸의 대표적인 해독 장기인 간의 부담을 최대한 줄여준다. 술을 마시거나 약을 복용하는 등 간의 부담을 높이는 행위를 하면서 디톡스를 하는 것은 헛수고다. 간세포의 재생을 돕기 위해 디톡스할 때 비타민·미네랄이 풍부한 채소·과일 주스를 충분히 마시는 것도 권할 만하다.

셋째, 장·신장·폐·피부 등을 통해 독소가 잘 빠져나가도록 한다. 깨끗한 물을 저압으로 결장(대장의 한 부위)에 주입했다가 빼내는 장세척(colonic hydrotherapy)도 디톡스의 일환이다. 장세척은 변비 해소에도 유용하다.

간에서 수용성으로 바뀐 독소는 소변을 통해 체외로 배설된다. 신장을 통한 독소 배설을 원활하게 하려면 소변을 자주 볼 수 있도록 물을 충분히 마시는 것이 중요하다. 레몬·오이 등도 배뇨 과정을 돕는 천연 이뇨제다.

호흡도 중요한 독소 배출로다. 숨을 들이마실 때는 산소가 유입되고 내쉴 때는 각종 노폐물이 빠져나간다. 이런 과정을 머릿속에서 상상하면서 심호흡을 하면 폐를 통한 독소의 배출이 활발해진다.

독소는 피부와 땀을 통해서도 제거된다. 피부를 통해 몸속 독소가 원활하게 배출되도록 하려면 화장품 등 장애물을 치워야 한다. 사우나나 운동을 통해 땀구멍(독소 배출)을 넓혀 주거나 브러시 등으로 가볍게 피부를 자극해 주는 것도 효과적이다.

디톡스법은 매우 다양하며 '왕도'가 따로 없다. 심적인 부담을 갖지 말고 자신에게 잘 맞는 방법과 적절한 강도를 스스로 정해 실천하면 된다. 기간도 이틀에서 한 달 코스까지 가능하다. 디톡스용 식품이 따로 있는 것도 아니다. '유기농산물·제철음식·전곡(全穀)을 즐겨 먹고, 가공식품·인스턴트식품·육류·소금·설탕을 멀리하라'는 디톡스 원칙만 잘 따르기만 하면 된다.

디톡스 방법은 '전문가용'과 '일반인용'으로 분류할 수 있다. 영국의 고(故) 다이애나 황태자비와 팝가수 마돈나가 즐기면서 유명해진 장(腸)세척은 전문가용 디톡스법이다.

특별한 전문지식 없이 혼자서 가능한 '일반인용' 디톡스법으론 물 디톡스·주스 디톡스·모노 다이어트 디톡스·생식 등이 있다. 물 디톡스는 배고픔을 참아내야 하는 고통이 따르지만 해독 효과가 가장 뚜렷한 디톡스법으로 알려져 있다. 대개 금요일 저녁부터 일요일 아침까지 24~36시간 물만 마시는 주말 디톡스 프로그램으로 운영된다. 이때 물은 생수로 2~4ℓ는 마셔야 한다. 일요일 점심부터는 과일이나 샐러드를 꼭꼭 잘 씹어서 먹는다.

환경오염과 체내 독소 축적량이 적었던 과거엔 물 디톡스가 효과적이었지만 현대인에겐 오히려 손해일 수 있다는 주장도 나왔다. 미국의 디톡스 전문가 알레한드로 융거 박사는 '클린'이란 저서에서 "현대인의 몸에 축적된 독소의 수준과 영양결핍 상태로는 물단식이 위험할 수 있다. 독소가 많이 배출되면 간이 쉴 틈 없이 중화를 해줘야 하는데 이를 감당할 만한 영양소가 몸에 없기 때문"이라고 분석했다.

주스 디톡스는 일반인이 가장 쉽게 따라 할 수 있는 디톡스법이다. 주스·물·허브차 외엔 아무것도 먹지 않는 방법으로 간의 해독작용에 필요한 영양소를 채소주스를 통해 공급해준다는 것이 핵심이다. 여기서 사용하는 주스는 유기농법으로 재배된 당근·샐러리·케일 등 채소로 만든다. 달콤한 과일주스는 아주 약간만 마신다. 생채소와는 달리 과채주스엔 식이섬유가 없다. 독소를 몸 밖으로 배설하기 위해선 식이섬유 보충제나 식이섬유가 풍부한 변비 예방용 허브차의 보충이 필요하다.

모노 다이어트(mono diet) 디톡스는 한 가지 음식만 금요일 저녁부터 일요일 저녁까지 먹는 디톡스법이다. 평소에 소화가 잘 안 되는 사람이라면 파파야, 알레르기 환자면 포도·사과·배 중 하나, 피부 트러블이 있으면 현미·메밀·수수·감자 중 하나를 골라 먹는 것이 효과적이다. 이때도 생수를 충분히 마시고 음식을 꼭꼭 씹어 먹되 채소·과일은 갈아 먹어도 무방하다. 한 가지 음식을 먹으면서 가벼운 명상을 함께 하면 효과가 배가된다. 모노다이어트 디톡스를 할 때는 체온을 잘 유지하고 휴식을 충분히 취해야 한다. 저녁엔 욕조에 로즈마일 오일 몇 방울을 떨어뜨린 뒤 아로마 목욕을 하면서 피부를 잘 문질러 주는 것이 효과적이다.

혼합 디톡스는 채소·과일 즙 대신 퓌레(채소나 고기를 갈아서 채로 걸러 걸쭉하게 만든 음식)를 만들어 먹는 방법이다. 퓌레에 함유된 식이섬유는 디톡스 도중 포만감을 줄 뿐 아니라 독소의 체외 배출을 돕는다. 배가 덜 고픈 것이 장점이나 소화에 칼로리가 많이 소요돼 독소의 배출 속도가 느리다는 것이 단점이다.

최근 미국에선 단백질 가루를 물에 탄 쉐이크를 꾸준히 마시는 '영양 클린스'라는 디톡스법도 선보였다. 여기선 고형 음식의 섭취도 제한적으로 허용한다. 디톡스 기간이 수주가 소요될 만큼 속도가 느린 것이 특징이다. 중금속은 단백질과 결합하므로 중금속 디톡스에 유용한 것으로 알려져 있다.

생식 디톡스는 음식을 익히지 않고 날로 먹는 방법이다. 천연 식품에 풍부한 웰빙 물질인 각종 효소와 유익한 영양소가 파괴되거나 죽게 되는 화식(火食)을 피함으로써 반사 이익을 얻는다는 것이다. 생식에 매료된 사람은 생식에 든 효소가 간의 해독작용과 독소 배출을 돕는다고 믿는다.

물 디톡스·주스 디톡스·모노 다이어트 디톡스 등 주말을 이용해서 실시하는 주말 디톡스는 기간이 짧아 비교적 안전한 편이다. 누구나 따라 하기 쉽고 비용이 거의 안 들며 덤으로 다이어트 효과까지 얻을 수 있다는 것도 장점이다. 디톡스 도중 이완요법·명상·마인드풀니스 등을 함께 하면 마음·감정의 독소까지 털어낼 수 있다는 것도 매력이다.

알코올 중독·약물 중독·음식 섭취 장애·당뇨병·갑상선 기능 저하증 환자에겐 주말 디톡스도 무리한 일이다. 체중이 정상보다 20% 이상 덜 나가거나 저혈당·신체 허약자도 주말 디톡스 적용 대상자에서 제외된다. 임신 중이거나 중요한 업무·시험을 앞두고 있거나 컨디션이 극히 나쁘다면 상황이 나아진 뒤로 디톡스를 미루는 것이 안전하다. 암환자와 수술 후 회복중인 환자는 디톡스를 하기 전에 주치의와 충분한 상담을 거쳐야 한다.

디톡스 도중 부작용으로 두통이 오면 물을 충분히 마시고 휴식을 취한다. 변비가 생기면 연근을 갈아 마신다. 혀에 설태가 끼면 레몬물로 입을 가신다. 몸에서 냄새가 나면 아로마 목욕을 한다. 입 냄새가 나면 파슬리를 잘근잘근 씹는 것이 특효약이다. 따로 시간을 내어 디톡스를 실행하기 힘들다면 배변·목욕이라도 잘해야 한다.

쾌변을 위한 필수조건은 식이섬유가 풍부한 음식을 즐겨 먹고 물을 자주 마시며 정기적으로 운동하는 것이다. 디톡스 전문가가 자주 권하는 배변 촉진제는 피마자기름이다.

사실 음식만 잘 먹어도 몸속에 환경호르몬 등 독소가 쌓이는 것을 줄일 수 있다. 중금속은 공복 시 체내에 잘 흡수된다. 체내에 쌓인 독소를 제거하려면 식사를 거르지 않고 영양소를 고루 섭취하는 것이 좋다. 특히 청국장과 같은 발효음식을 먹으면 발효과정에서 생긴 미생물이 중금속을 제거하고 피를 맑게 하는 효능이 있다. 인스턴트식품보다는 슬로푸드로 식탁을 차리는 것이 좋다.

디톡스에 가장 널리 사용되며 가장 값싼 음료는 물이다. 염소소독된 수돗물은 권장되지 않는다. 생수 등 신선한 물이 추천된다. 물에 민트·오이·레몬 등을 띄우면 맹물보다 훨씬 많이 마실 수 있다.

중금속 등 독소를 신속하게 몸 밖으로 배출시키려면 하루 8~10잔의 물을 마시는 것이 좋다. 중금속은 대부분 호흡기를 통해 흡수되는데 물 섭취량이 적으면 호흡기 점막이 말라 중금속 등 독

디톡스 음식

녹차

굴

마늘

미역

전복

클로렐라

소의 체내 침투와 축적이 용이해진다. 물을 충분히 마시면 체내에 들어온 중금속이 기관지를 통해 폐로 들어가는 것을 막아주고 대신 위장을 지나 항문으로 빠져 나가게 한다.

물에 중금속이 함유돼 있을까 걱정된다면 끓여서 마신다. 끓인 물을 플라스틱 용기에 바로 옮기면 유해물질이 녹아날 수 있으므로 식힌 후에 옮겨 담는다.

식이섬유가 풍부한 식품도 디톡스에 유익하다. 식이섬유는 노폐물 등 독소에 달라붙어 독소가 장으로 재흡수되지 못하게 할 뿐 아니라 독소와 함께 체외로 배출되기 때문이다. 식이섬유는 장에 이로운 세균의 먹이가 돼 장내 환경을 건강하게 해준다. 식이섬유는 현미·통밀 등 도정이 덜된 거친 곡류와 채소·과일에 풍부하다. 질경이껍질과 씨·구아검·아라비아검·아마씨 등에도 많이 들어 있다.

미역·다시마 등 해조류와 굴·전복 등 해산물도 디톡스에 유용한 식품이다. 특히 미역·다시마에 든 알긴산(식이섬유의 일종)은 중금속·농약·환경호르몬·발암물질 등 독을 빨아들여 체외로 배출시킨다. 굴·전복에 풍부한 아연은 납을 배출하는 효과가 있다.

건강기능식품으로 판매 중인 스피룰리나·클로렐라 등 조류(말류) 식품도 체내에서 중금속이 흡수되는 것을 방해할 뿐 아니라 중금속의 체외 배출을 촉진하는 것으로 알려져 있다.

마늘에 함유된 아미노산인 시스테인과 메티오닌도 간을 튼튼히 해 해독작용을 돕는다. 마늘의 매운맛 성분인 알리신은 유해 세균(독소의 일종)을 죽인다.

대부분의 채소는 알칼리성으로 독소 배출을 촉진한다. 특히 당근즙·셀러리즙·비트즙·케일즙을 매일 꾸준히(600~1,000ml) 마시는 것이 효과 만점이다.

당근즙엔 성인병·노화의 주범인 활성산소를 없애는 베타카로틴 등 항산화 성분이 풍부하다. 체중 감량과 소화에도 유익하다. 셀러리즙은 노폐물의 체외 배설을 촉진할 뿐 아니라 노폐물 축적으로 인한 증상을 개선시킨다. 비트즙엔 해독 장기인 간의 기능을 돕는 베타인이 들어 있어 간과 담관을 보호한다. 단 채소즙은 신선한 유기농 재료로 만들어야 한다. 비트즙 등 일부 채소즙은 당분이 많으므로 당뇨병 환자는 섭취 전에 주치의와 상담하는 것이 안전하다.

흐르는 물에
잔류 농약
제거하여
식품 해독

식품에 든 잔류 농약 등 독소를 미리 빼내는 것도 중요하다. 식품 해독의 가장 손쉬운 방법은 흐르는 물에 잘 씻는 것이다.

특히 채소·과일의 독(잔류 농약)은 잘 씻기만 해도 70~90% 제거가 가능하다. 과일은 껍질을 벗기는 것이 잔류 농약의 섭취를 줄이는 방법이다.

생선·육류의 환경호르몬 등 독소(다이옥신·농약·중금속·동물용 항생제 등)를 줄이려면 지방을 떼고 먹는다. 다이옥신·농약·중금속 등은 육류·생선의 지방조직에 주로 축적되기 때문이다. 육류는 되도록 비계·껍질을 떼어 내고 섭취한다. 생선은 머리·내장을 제거하고 뜨거운 물에 익히거나 미지근한 물에 담가 기름기를 뺀다.

식품에 든 유해 세균(독소의 일종)을 없애려면 항균 식품을 곁들이는 것이 좋다. 대표적인 항균 식품으로는 녹차·생강·마늘·양파·고추냉이·식초 등이 꼽힌다. 국내외 연구를 통해 녹차나 녹차 추출물이 병원성 대장균 O-157·살모넬라균·비브리오균 등 식중독균을 죽이는 것으로 확인됐다.

생강도 항균 향신료다. 생강에 함유된 진저론과 쇼가올은 장염비브리오균·살모넬라균 등 식중독균은 물론 콜레라균·이질균 등 경구 감염병균까지 죽일 수 있다.

음식을 먹을 때 30회 가량 씹어 먹는 것도 효과적인 디톡스법이다. 침이 독(세균·바이러스 등)을 제거하기 때문이다. 침은 자연적으로 나오는 것(무자극 침)과 음식을 보면 분비되는 것(자극 침)으로 나눌 수 있다. 음식을 생각만 해도 입안에 가득 고이는 침이 건강에 더 유익하다. 침엔 활성산소(독의 일종)를 없애는 성분과 소화 효소가 들어 있다.

끼니를 거르지 않는 것도 디톡스에 기여한다. 중금속은 공복일 때 체내에 잘 흡수된다. 식탁엔 청국장 등 발효음식을 올린다. 발효과정에서 생긴 미생물이 중금속을 제거하고 피를 맑게 하는 효능이 있어서다. 인스턴트식품·패스트푸드보다 슬로푸드로 식탁을 차리는 것이 좋다. 디톡스의 훼방꾼 중 대표적인 것은 카페인 음료와 식품첨가물이 많이 든 인스턴트식품이다.

반신욕이나 온천욕도 디톡스에 효과적이다. 따뜻한 물로 반신욕을 하면 체내 순환이 원활해져 중금속 배출에 도움을 줄 수 있다. 몸의 피로가 몰리는 하반신이나 발을 뜨거운 물에 담가 몸의 냉기를 제거하고 혈액순환을 좋게 하는 것이다.

반신욕은 38~39도의 물을 아랫배가 잠길 정도로 받아서 땀이 날 때까지 20분 정도 지속한다. 처음 반신욕을 한다면 10분 정도 하고 쉬었다가 다시 10분 정도 하는 것이 좋다.

입욕제를 사용할 경우 화학제품보다는 천연 천일염을 넣는 것이 좋다. 과도한 샴푸와 비누 사용은 피부 각질층을 파괴해 독소의 체내 침투를 도울 수 있으므로 자제한다.

3장

청소

집안 청소는 양날의 칼이 될 수 있다. 먼지·세균·집먼지 진드기·환경오염물질을 제거하는 데는 도움이 되지만 건강에 나쁜 결과를 초래할 수도 있다. 청소할 때 사용하는 제품을 잘 고르지 않으면 면역력이 떨어지거나 불임·암 등으로 이어질 수 있기 때문이다. 청소할 때 건강을 위해 노출을 최대한 피해야 할 성분은 다음과 같다.

퍼클로로에틸렌

퍼클로로에틸렌(PCE)은 무색의 투명한 액체로 낮은 농도에서도 쉽게 증발하며 달콤한 냄새가 난다. 의류 등을 세탁하기 위한 드라이클리너에 널리 사용되는 유기용제다.

휘발된 퍼클로로에틸렌은 주로 대기로 배출된다. 퍼클로로에틸렌은 고온에서 염소·일산화탄소·포스겐 등 독성이 강한 가스를 발생시킨다.

퍼클로로에틸렌은 우리 생활에서 광범위하게 사용되고 있다. 드라이클리너 외에 얼룩 제거제, 깔개·소파 등의 커버 세정제, 액상 벌레 퇴치제, 분사제, 일부 접착제와 방수제, 광택제, 윤활유, 구두 광택제 등에 활용된다.

퍼클로로에틸렌은 공기·물·토지·지하수에 노출되면 환경을 오염시키고 사람에게 치명적인 악영향을 미칠 수 있다. 미국 환경보호청(EPA)은 드라이클리닝 된 의류에서 나오는 배출 물질만으로도 집 안의 퍼클로로에틸렌 농도 상승을 유발한다고 발표했다. 특히 어린이는 드라이클리닝한 옷을 직접 입지 않더라도 퍼클로로에틸렌을 이용해 세탁한 다른 사람의 옷을 통해 노출될 수도 있다.

퍼클로로에틸렌은 환경호르몬으로 작용한다는 의심도 받고 있다. 뇌하수체에 영향을 주어 임산부의 유산을 유발하기도 하며, 환자-대조군 연구에선 정자 이상·임신 지연·호르몬 장애·불임 등 생식 독성과 관련성을 보였다. 임신한 여성은 퍼클로로에틸렌의 노출을 최소화하는 것이 좋다.

가정에서 퍼클로로에틸렌의 노출을 줄이기 위한 최선의 방법은 손세탁이 쉬운 의류와 침구류를 구입하는 것이다. 비록 소량이라 할지라도 드라이클리닝을 통해 퍼클로로에틸렌이 유입될 수 있으므로, 드라이클리닝을 줄이고 손세탁을 하는 것이 좋다. 세탁 방법에 드라이클리닝이라고 명시돼 있어도 손빨래가 가능한 의류가 있다.

레이온과 두텁고 색깔이 있는 실크 소재의 의류는 찬물에 손빨래를 해도 좋다. 스웨터도 찬물에서 세탁기나 손빨래로 세탁할 수 있다. 드라이클리닝한 경우 의류를 집 안에 들여놓기 전에 바람이 잘 통하는 곳에 걸어 두어 의류에 남아 있는 용제를 충분히 증발시키도록 한다.

프탈레이트

청소할 때 향기 나는 세제의 사용을 가급적 삼간다. 프탈레이트가 함유될 가능성이 있어서다. 비누·공기청정제·향기 나는 세제에 함유된 프탈레이트는 실제 호르몬에 영향을 미쳐 불임 등을 유발할 수 있는 환경호르몬이다. 공기청정제는 향이 중요한 제품이다. 냄새가 좋은 제품에서 흔히 포함된 화학물질이 바로 프탈레이트다.

트리클로산

항균 제품은 생각만큼 좋지 않다. 오히려 반대일 수 있다. 항균 제품에서 검출되는 트리클로산은 약물 내성 슈퍼박테리아(drug-resistant superbugs)를 만들 수 있으며, 환경호르몬과 발암물질로도 의심 받고 있다.

'항 박테리아(세균)'라고 쓰인 가정용 제품을 사용하는 경우, 트리클로산이 들어 있을 가능성이 있다. 트리클로산은 미국에서 1969년 항균제로 등록됐다. 1972년부터 사용돼 왔다. 원래 트리클로산은 의사가 사용하는 메스를 화려한 무균 상태로 만들기 위해 의료 비누용 성분으로 개발됐다. 트리클로산은 표백제처럼 강한 항균 작용을 하는 항균제다.

요즘은 위생용품뿐 아니라 살충제·장난감·신발, 심지어는 땀 냄새 곰팡이를 없애기 위해 화학물질이 사용되는 옷에서도 발견된다. 푹신한 가구나 카펫·매트리스·칫솔·진공청소기·냉장고·가

죽·자동차 실내 장비·캠핑 장비·오토바이 헬멧 제조에도 사용된다. 세균·곰팡이 등 미생물을 죽이는 능력이 있어 샤워젤·방취 비누·핸드크림·구강 청결제·가구·의류·컴퓨터 키보드·도마 등 생활용품에 첨가되기도 한다.

국내외 연구 결과 트리클로산은 간암·갑상선 기능 저하 등을 유발하는 유해 물질로 밝혀졌다. 최근 몇 년간 미국과 유럽에선 간 섬유화와 암을 유발한다는 연구 결과가 꾸준히 나오고 있다.

트리클로산은 환경호르몬으로도 작용할 수 있다. 여성호르몬인 에스트로겐과 남성호르몬인 안드로겐 등 성(性) 호르몬에 결합할 수 있어서다. 잠재적으로 인간의 생식과 생존에 부정적인 영향을 미칠 뿐만 아니라 암을 유발할 수도 있다. 미국 FDA(식품의약청)는 2016년 항균비누와 세정용품에서 트리클로산과 트리클로카반의 사용을 금지했다. 우리나라 식약처도 같은 내용의 지시를 내렸다.

식약처는 또 구강용품 등 의약외품 제조엔 0.3%까지만 제한적으로 사용할 수 있도록 허용했다.

폐수를 통해서도 다량의 트리클로산이 환경에 배출된다. 트리클로산 제조사인 시바(CIBA)도 이 화학물질이 수생생물에 매우 독성이 있음을 인정했다. 물속에선 독성이 더 강한 물질로 변한다. 일부 생선은 이미 트리클로산에 큰 피해

환경호르몬 성분을
고려해야 하는 청소용 세제

를 입고 있다.

트리클로산 함유 제품에 노출되는 것을 피하려면 모든 화장품과 청소 제품을 살 때 함유 여부를 확인해야 한다. 항균성을 광고하는 의류라면 더욱 주의할 필요가 있다. 트리클로산 함유 구강 제품은 어린이나 노인 환자가 사용할 수 없게 돼 있다. 임산부도 트리클로산 제품의 사용을 피하는 것이 좋다.

2-부톡시 에탄올

윈도우 클리너(창 세정제)로 널리 사용되는 2-부톡시 에탄올은 간과 신장 손상과 관련이 있다. 가정용 세척제와 에어로졸, 표면 코팅제에도 첨가된다.

윈도우 클리너는 건강에 가장 해로운 클리닝 제품 중 하나다. 많은 윈도우 클리너에 2-부톡시 에탄올이 포함돼 있으므로 제품 구입 시 라벨을 잘 살필 필요가 있다. 윈도우 클리너 대신 식초를 사용해 창문을 닦는 것이 더 안전하다.

염소

염소는 가정에서 가장 흔히 사용되는 화학물질 중 하나다. 가장 위험한 물질이 될 수도 있다. 염소는 일부 변기 청소기·표백제·세제 제품에서 발견되며 노출되면 갑상선 이상을 비롯한 여러 건강 문제가 발생할 수 있다.

4장
소비자 인식

환경호르몬에 대해 국내 소비자는 대부분 불안과 우려를 느낀다. 2014년 6월 식품의약품안전처가 서울 등에 거주하는 임산부와 어린이 2500명을 대상으로 일상생활 속 환경호르몬(내분비계장애물질) 인지도 등을 묻는 설문조사를 실시했다.

환경호르몬에 대한 우려도는 '어느 정도 우려한다'는 응답률이 63.9%로 가장 높았다. '매우 우려한다'(32.1%)와 우려하지 않는다(4%)가 뒤를 이었다. 기타 생활 속 위험요소에 대한 인지도의 경우 '원전 사고로 인한 식품의 방사능 노출 우려'(36%)가 가장 많았다. 그 다음이 환경호르몬 노출 우려(28.9%)와 여름철 식중독 사고(19.2%)였다.

국내 소비자는 환경호르몬이나 플라스틱 용기에 대해 잘 알지는 못하지만 다수가 인체에 악영향을 미친다고 막연히 인식한다는 조사 결과도 나와 있다. 2012년 6월 서울 등에 거주하는 임산부와 어린이 2500명을 대상으로 한 설문조사에서도 대부분이 환경호르몬에 대해 막연한 불안감을 나타냈다. '어느 정도 우려한다'가 63.9%, '매우 우려한다'가 32.1%에 달했다. '우려하지 않는다'는 응답률은 4%에 그쳤다.

2001년 연구에선 대구 시민의 환경호르몬에 대한 인지도가

96.1%에 달했다. 환경호르몬의 종류나 인체에 미치는 영향에 대한 지식수준은 매우 낮았다. 2002년 연구에선 성인 응답자의 74.9%가 환경호르몬에 대해 '대체로' 또는 '매우 관심 있다'고 응답했다.

소비자는 환경호르몬에 노출될 가능성이 높은 상황으론 '플라스틱 용기에 담은 뜨거운 음식을 먹을 때'(96.0%), '전자레인지에 랩이나 비닐을 씌운 채 음식을 데울 때'(91.6%), '새 가구를 사용하거나 벽지·바닥재를 새로 깔았을 때'(90.1%) 등을 꼽았다. 많은 소비자가 플라스틱을 환경호르몬의 주범으로 여기고 있는 셈이다.

소비자와 전문가를 대상으로 한 조사(2010년)에선 소비자의 98.4%, 전문가의 89.9%가 환경호르몬의 인체 유해성을 심각하게 인식하는 것으로 나타났다. 인체 노출 가능성이 가장 높은 환경호르몬으로 소비자는 다이옥신(93.7%), 전문가는 프탈레이트(70.4%)를 가장 많이 꼽았다.

2011년 '동아시아식생활학회지'에 실린 경북대 식품영양학과 김미라 교수팀의 연구(식생활에서의 내분비계 장애물질에 대한 성인들의 노출 저감화 행동 분석)에 따르면 소비자의 환경호르몬에 대한 관심도는 5점 만점에 3.56점이었다. 이 연구는 서울·인천·대전·대구·부산·광주 등 대도시에 거주하는 성인 579명을 대상으로 2008년 6월에 설문 조사한 결과다.

김 교수팀은 조사 대상자에게 환경호르몬 관련 퀴즈를 내 이들의 지식수준을 평가했다. '플라스틱으로 만든 일회용 용기에선 환경호르몬이 나오므로 자주 이용하지 않는 것이 좋다'(95.0%), '플라스틱 용기에 뜨거운 음식을 담으면 환경호르몬이 나오므로 좋지 않다(94.6%)', '플라스틱 용기에 음식을 담아 전자레인지에 가열하면 환경호르몬이 나온다(92.4%)'고 생각한다는 응답률이 압도적으로 많았다. '환경호르몬과 내분비계 장애물질은 같은 것'이라고 답변한 사람은 39.2%에 불과했다.

환경호르몬에 효과적으로 대처하려면 소비자가 똑똑해져야 한다. 환경호르몬의 실체를 바로 알고 있어야 한다는 말이다.

환경문제는 국경을 넘어 문제될 수 있기 때문에 국제적으로 긴밀하게 상호 협력해 환경호르몬 문제 해결을 위해 함께 노력하는 것도 중요하다.

환경호르몬이 없는 제품을 생산하고 유통시키는 기업의 정보를 모으고 공유하는 것도 중요하다. '발암물질 없는 사회 만들기 국민행동'(www.nocancer.kr)은 홈페이지와 스마트폰 앱 '우리 동네 위험지도'를 통해 어린이용품과 생활용품에서 PVC와 중금속 성분을 분석해 안심 제품을 소개하고 있다.

비스페놀 A 등 기존 환경호르몬 소재 대신 사용할 수 있는 대체물질을 개발하는 일도 중요하다. 단 대체물질의 안전성과 환경호르몬 여부에 대해 철저히 검증할 필요가 있다.

환경호르몬에 대한 대중의 우려가 커지면서 대체물질을 개발해 사용하는 업체가 늘고 있다. 비스페놀 A 등 환경호르몬이 포함된 제품을 꺼리는 소비자를 의식한 것이다. 서구의 많은 플라스틱 용기 제조업체가 비스페놀 A 대신 비스페놀 S나 비스페놀 F를 사용 중이다.

국내에서도 2011년 이후 비스페놀 A의 안전성 논란이 불거지자 비스페놀 S·비스페놀 F 등 비스페놀 A 대체물질을 쓰는 기업이 등장하고 있다. 기업은 비스페놀 A를 쓰지 않은 제품에 '비스페놀 A 프리(free)' 표시를 붙인다. 이들은 환경호르몬이 없는 제품처럼 보이지만 '프리(free)' 제품이라고 해서 '환경호르몬 없음'을 100% 보장하는 것은 아니다.

일부 업체는 비스페놀 A를 사용하지 않은 제품을 '친환경 제품'이라고 홍보한다. 이는 사실과 다르다. 비스페놀 S나 비스페놀 F도 비스페놀 A와 화학 구조가 비슷한 환경호르몬 의심 물질이기 때문이다. 2013년엔 물고기에 비스페놀 S를 21일 동안 노출시킨 연구에선 성호르몬과 유전자에 악영향을 끼쳐 번식이 감소하고 기형이 증가했다.

2018년 9월 '커런트 바이올로지(Current Biology)'에도 비스페놀 A의 대체물질이 원물질과 비슷한 정도로 해롭다는 연구 결과가 실렸다. 미국 워싱턴주립대와 UC샌프란시스코 연구팀이 생쥐 실험을 통해 확인한 결과다.

연구팀은 생쥐를 비스페놀 A와 비스페놀 S 등 두 종류의 비스페놀에 노출시킨 뒤 청정 환경에서 키운 생쥐와 비교했다. 그 결과 비스페놀 S도 비스페놀 A와 비슷한 정도로 난자와 정자에 염색체 이상을 일으키는 것으로 밝혀졌다. 비스페놀 S에 노출된 쥐에서도 정자 수가 줄어들고, 비정상적인 난자가 늘어나는 등 악영향이 관찰됐다. 추가 실험 결과 이런 악영향은 2대, 혹은 3대까지 지속되는 것으로 나타났다.

2017년 3월 '네이처 커뮤니케이션(Nature Communications)'엔 일부 '비스페놀 A가 없는(BPA Free)' 플라스틱에서 검출된 BHPF란 화학물질이 생쥐에 유해성을 나타냈다는 연구논문이 게재됐다. 동물실험을 통해 BHPF가 실제 호르몬 작용을 차단하는 등 환경호르몬으로 작용한다는 사실이 확인된 것이다.

연구팀은 임신한 생쥐를 4 그룹으로 나눈 뒤 네 농도의 BHPF에 노출시켰다. 고농도의 BHPF에 노출된 생쥐는 임신과 관련된 여러 어려움을 경험했다. 자궁 무게가 적었고 자궁내막이 얇아졌으며 임신 결과도 나빴다. 가장 고용량의 BHPF에 노출된 생쥐는 대조군에 비해 생존율이 24%나 낮았다. 연구팀은 또 100명의 학생을 대상으로 BHPF의 체내 존재 여부를 검사했다. 7%가 양성반응을 보였다.

비스페놀 A가 미국에서 금지된 것은 아니지만 미국의 다수 플라스틱 제조업체에선 BHPF 등 비스페놀 A가 없는 플라스틱 개발에 힘써왔다. BHPF는 최근 몇 년간 항공우주와 자동차 산업에서 바닥 보호용 코팅재 등으로도 사용되고 있다. 환경호르몬 대체물질이 안전성에 대한 충분한 검증 없이 널리 사용되고 있는 셈이다.

현재 사용되는 비스페놀 A 대체물질은 수십 종에 달한다. 어떤 제품이 좀 더 안전한가를 판별하기 위한 연구가 필요하다.

환경호르몬 관련 연구를 확대하고 관련법을 마련하는 일도 환경호르몬 문제 해결의 열쇠가 될 수 있다.

현재 환경호르몬 관련 연구는 미국·EU·일본 등 선진국을 중심으로 실태조사 등 기초연구와 함께 검색·시험법을 개발하는 단계다. 국내에선 1998년부터 환경부와 식품의약품안전처 등에서 환경호르몬에 대한 기초 자료 준비를 시작했다.

환경호르몬으로 추정되는 화학물질 중 농약류를 비롯한 상당수는 유해화학물질 관리법·농약관리법·산업안전보건법·화학물질의 등록 및 평가 등에 관한 법률(화평법) 등 관련 법규에 의해 사용 금지 또는 사용량 제한 등 규제가 이뤄지고 있다. 2013년에 제정된 화평법의 경우 'No Data, No Market 원칙(화학물질의 유해성·위해성 관련 자료의 제출·등록 없이 시장에 판매될 수 없도록 한 사전예방적인 화학물질 관리 원칙)'이 적용된다.

식품위생법엔 환경호르몬 문제가 부각되기 전부터 농약·중금속·식품첨가물 등의 잔류 허용기준이 설정돼 있다. 식품과 직접 접촉하는 모든 기구와 용기·포장에 대해선 재질별로 용출 기준을 정해 관리하고 있다.

환경호르몬에 대한 대중의 경각심을 일깨우기 위한 환경 교육도 시급하고 절실하다. 환경 교육은 인성 교육이다. 환경 교육을 통해 기성세대는 물론 미래의 주역인 어린이·청소년에게 환경에 대한 올바른 인식과 태도를 갖게 해 줄 수 있다. 환경 교육은 환경적으로 바람직한 의사결정과 실천적 활동을 이끌어내 환경 문제를 해결하고 나아가 미래에 더욱 심각해질 환경 문제 예방에 관심을 갖도록 하는 것이 주목적이다.

환경과 교육이란 용어가 합쳐져 사용되기 시작한 것은 1960년대 중반부터다. 환경 교육의 목표는 다음 5가지로 요약된다.

첫째, 인식에선 전체 환경과 이에 관련된 문제에 대한 인식과 감수성을 갖도록 한다.

둘째, 지각에선 전체 환경과 이에 관련된 문제에 대해 다양한 경험과 기본적인 이해를 얻도록 한다.

셋째, 태도에선 환경 보호와 개선에 능동적으로 참여하려는 동기를 높이고 환경의 가치를 인식하며 주변 환경에 관심을 갖게 한다.

넷째, 기능에선 환경 문제를 확인하고 해결하는 기능을 습득시킨다.

다섯째, 참여에선 환경 문제의 해결과정에 능동적이며 책임 있게 참여할 수 있는 기회를 제공한다.

학교 수업에서 '환경' 과목은 생태계에 대한 이해를 바탕으로 한다. 학생이 환경 문제에 자발적으로 참여할 수 있도록 가치 탐구와 태도 변화에 비중을 둔다. 국내 환경 교과서에선 환경호르몬을 '내분비계 장애물질'이란 이름으로 소개하고 있다. 한 교과서에선 환경호르몬에 대한 간단한 해설과 읽을거리로 다이옥신에 대해 설명한다. 다른 교과서에선 쾌적한 환경을 위협하는 요소로 환경호르몬의 정의를 소개하고 있다. 또 다른 교과서는 환경호르몬에 대한 설명 외에 환경호르몬의 피해, 피해를 줄이기 위한 방안 등을 제시하고 있다.

환경호르몬 교육의 주 목적은 인간과 환경의 관계를 이해하고 환경호르몬이 환경에 미치는 악영향을 잘 인지하며 개선해 나가는 것이 돼야 한다. 청소년의 환경호르몬에 대한 전반적인 인식은 미디어를 통해 어느 정도 이뤄졌지만 실제 행동 관련 지식은 거의 습득하지 못하고 있는 상태다. 환경호르몬에 대한 교육은 지식과 정보의 전달과 아울러 그에 따른 올바른 행동 변화로 이어질 수 있도록 진행돼야 한다.

환경호르몬 교육과 관련된 국내 연구논문도 찾기 힘들다. 2008년 공주대 교육대학원 석사 학위(안현경) 논문으로 '내분비계 장애물질(환경호르몬)에 대한 멀티미디어 활용 수업의 효과'가 발표된 정도다. 이 논문에선 환경 교육에 관심이 큰 교사가 참고할만한 2차시의 환경호르몬 교육 프로그램이 제시돼 있다. 교육 대상은 고1 학생이지만 초·중등생이나 다른 학년 교육에서도 적용할 수 있다.

환경호르몬 교육을 위해 논문의 저자는 애니메이션(배낭여행) 제작을 제안하고 있다. 가상 배낭여행을 통해 환경호르몬의 의미를 쉽고 재미있게 전달하고자 했다. 에니메이션에선 수달과 바다표범의 생활, 가마우지의 비정상적인 행동 등 학생의 흥미를 유발할 수 있는 주제를 정해 환경호르몬의 피해 사례로 제시하고 있다.

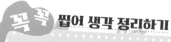
'**4부 환경호르몬으로부터 가족을 지키는 방법**'에선 환경호르몬 피해를 최소화하기 위한 효율적인 환경호르몬 노출 저감법이 소개된다. 환경호르몬에 덜 노출되도록 하기 위해 가족이 함께 우선 실천해야 할 일이 무엇인지 토론해 보자. 환경호르몬을 줄이기 위한 사회적 노력에 동참하는 방법도 함께 찾아보자.

'**1장 환경호르몬 노출 최소화**'에선 우리 생활 주변에서 환경호르몬 피해를 줄이기 위한 다양한 방안이 제시된다. 가장 효율적으로 환경호르몬 노출을 줄이는 방법이 무엇인지 함께 생각해 보자.

'**2장 디톡스**'에선 환경호르몬을 하나의 독소로 보고, 이를 제거하는 다양한 방법이 소개된다. 디톡스 요법을 통해 환경호르몬이 해독될 수 있을지에 대해 함께 토론해 보자. 환경호르몬이 어떤 독성을 가진 독소인지에 대해서도 생각해 보자. 다양한 디톡스 방법 가운데 환경호르몬 제거에 가장 효과적인 방법이 무엇인지도 찾아보자.

'**3장 청소**'에선 누구나 쉽게 실천할 수 있는 환경호르몬 제거법인 청소가 집중 소개된다. 청소만 잘 해도 환경호르몬의 해악으로부터 우리 몸을 지킬 수 있다. 집 안 대청소나 정기적 환기 등이 왜 환경호르몬 제거에 효과적인지 함께 논의해 보자. 어린이나 청소년이 직접 실천할 수 있는 환경호르몬 저감 방법도 생각해 보자. 청소를 어떻게 하는 것이 환경호르몬 노출을 최소화할 수 있는지도 고민해 보자.

'**4장 소비자 인식**'에선 일반인 등에 대한 설문조사 등을 바탕으로 우리 국민이 환경호르몬에 대해 어떻게 인식하고 있는지가 그려진다. 환경호르몬에 대한 소비자의 적극적 행동과 바른 인식을 이끌어낼 수 있는 방법이 무엇인지 토론해 보자. 환경호르몬에 대해 소비자가 오해하고 있는 것이 무엇인지를 알아내 이를 바로 잡을 수 있는 방안을 생각해 보자. 우리나라 국민과 다른 나라 국민이 환경호르몬에 대해 어떤 인식의 차이를 보이는지도 생각해 보자. 현재 환경호르몬에 대한 우리 국민의 인식과 우려가 적정 수준인지에 대해서도 논의해 보자.

맺음말

　　우리는 환경호르몬의 홍수 속에서 살고 있다. 부지불식 간에 다양한 환경호르몬에 노출되고 있다.

　환경호르몬 연구는 플로리다 팬더와 플로리다 악어의 미성숙 고환과 특정 종(種)의 번식력 감소를 관찰한 미국의 동물학자로부터 시작됐다. 이들은 생태계에서 나타난 특이한 현상이 살충제 등 농약과 산업용 화학물질 탓일 것으로 풀이했다.

　그후 소아과 의사·생식 전문가는 인간에 대한 면밀한 관찰을 통해 환경호르몬(내분비계 장애 물질)의 개념을 수립했다. 1950년대부터 1970년대에 걸쳐 미국·유럽의 여성 수백 명에게 유산 위험을 줄이기 위해 처방된 합성 에스트로겐, 즉 디에틸스틸베스트롤(DES)로 인한 비극은 환경호르몬에 대한 관심을 전 세계적으로 증폭시켰다. DES는 매우 드물고 심각한 질암, 생리주기 이상, 자궁 기형 등을 일으켰다. 여성의 자궁은 당시 이 합성 에스트로겐에 노출돼 있었다.

　대중은 산업에서 사용되는 화학물질이 환경호르몬의 전부일 것으로 인식한다. 일부 환경호르몬은 자연계에 존재하는 물질이다. 자연에서 유래한 환경호르몬 중 일부는 사람의 건강에 부정적인 영향을 미치지만 일부는 유익한 효과를 나타낸다.

국내에선 1970년대까지 환경문제에 대해서 관심을 가진 사람은 극소수에 불과했다. 근대화란 이름으로 환경 파괴와 오염물질 배출이 무제한으로 이뤄졌다. 1991년 낙동강의 페놀 유출사건을 계기로 환경문제가 국민의 관심사가 되기 시작했다. 환경호르몬에 주목하기 시작한 것은 그로부터 20년이 지난 후였다.

환경호르몬이 두려운 존재인 이유 중 하나는 피해가 다음 세대에 전달된다는 것이다. 환경호르몬의 악영향은 대개 지속적이고 후향적으로 나타난다. 환경호르몬이 당장 사람에게 특별한 이상 증상을 유발하지 않는다고 해서 안심해선 안 된다. 삶의 한 시기에 노출된 환경호르몬이 수년에서 수십 년이 지난 뒤 증상으로 표출될 수 있다. 다음 세대 또는 그다음 세대에 영향을 미치기도 한다.

앞에서 언급했듯이 유산 방지제로 쓰였던 DES란 물질의 유해성은 이를 복용한 산모가 출산한 아이가 성장해 초경할 무렵이 돼서야 나타나기 시작했다. DES를 복용한 산모의 자녀에서 자궁 기형이 발견됐다. 불임과 질암 등이 어린 나이에 발병했다. DES를 복용한 산모의 손녀에게도 불임과 생리불순이 나타났다.

사람은 진짜 호르몬이나 환경호르몬에 유난히 민감한 시기가 있다. 태아 때나 사춘기 등이다. 내분비 학자는 "타이밍이 독을 만든다"고 말한다. 임신부가 출산 전에 다이옥신 같은 환경호르몬에 노출되면 그 자녀 중 남아는 남자다움이 줄고 여아는 반대로 남자다움이 증가한다는 연구 결과가 나왔다. 출산 전 엄마의 환경호르몬 노출은 자녀의 놀이문화에도 영향을 미친다. 남아는 남자다운 놀이 모습이 줄고 여아는 남자다운 놀이 모습이 늘었다.

환경호르몬 대처를 힘들게 하는 가장 큰 요인은 '안전기준'이 없다는 것이다. 현재 설정된 기준은 식품용기 제조업체 등이 제품을 생산하면서 환경호르몬을 가급적 줄이란 기준이지 인체에 해가 없다는 기준은 아니다. 환경호르몬은 일반적인 안전기준 이하의 낮은 농도에서 오히려 반응을 보이다가 농도가 증가하면 반응을 보이지 않는 등 독성학자의 시선으로 보면 매우 난해한 특성을 갖고 있다.

일반적으로 유해화학물질에 낮은 농도로 노출되면 독성이나 건강에 영향이 적다. 높은 농도로 노출되면 독성이 강해진다. 유해물질의 농도나 양에 비례해 독성이 증가한다는 것이 전통적인 독성학의 기본 명제다. 설사 유해물질이라도 낮은 농도로 노출되면 건강에 나쁜 영향을 미치지 않는다는 것이다. 독성학의 아버지

환경호르몬이 인체에 미치는 영향	
호르몬 기능 이상	발암 유발 및 장기 기능 이상
생식기능 감소, 생식기 기형, 불임, 성조숙증, 남성호르몬, 갑상선호르몬과 인슐린의 혈중농도 저하 등	인체 내 발암 물질로써 심장, 간, 폐, 혈액 계통의 손상을 일으켜 기능상 이상을 가져옴
면역력 기능 이상 및 질환 유발	정신적 질환 및 성장 발달 장애
피부, 눈 등에 과민 반응이 나타나거나 면역 기능 감소, 아토피나 천식 등 알레르기성 질환 및 대사증후군 유발	주의력이 결핍되며 과잉행동장애(ADHD) 등의 현상을 보임, 아동의 두뇌 발달에 악영향

로 통하는 14세기 스위스의 의사 파라셀수스는 '양이 곧 독(Dose is poison)'이라고 했다. 이를 근거로 독성학자는 유해물질의 안전기준을 찾아 제시했다.

환경호르몬에 낮은 농도로 노출돼도 각 개인별로 환경호르몬에 대한 민감도·취약도와 노출 위험성이 제각각이기 때문이다. 언제 얼마나 노출됐는지 뿐 아니라 노출 당시 각자의 건강 상태, 질병 등 다른 위험요인이 동반돼 있는지, 다른 독성물질과 동시에 노출됐는지, 성별과 개인적인 유전자 차이 등에 따라 개인의 환경호르몬에 대한 민감도·취약도도 천차만별이다. 이를 근거로 환경호르몬의 노출 허용 용량, 즉 안전용량은 없다는 주장도 제기됐다.

환경호르몬은 안전용량이 없는 대표적인 물질 중 하나다. 아주 저농도의 환경호르몬도 호르몬 수용체와 결합하면 신호전달 체계의 혼란이 발동한다. 저농도의 환경호르몬에 노출돼도 사춘기가 유달리 빨리 시작되거나 유즙 분비에 문제를 일으키거나 배란돼야 할 시점에 배란이 되지 않는 등 이상 증상을 유발할 수 있다.

낮은 농도로도 건강에 큰 위협을 가하는 환경호르몬은 기존 독성학을 뿌리부터 흔들어 놓았다. 일반적인 유해 화학물질을 다루는 독성학에 비해 환경호르몬을 취급하는 독성학은 훨씬 더 복잡하고 난해하다. 일반 유해 화학물질에서 양(dose)이 독성을 좌우한다면 환경호르몬에선 노출 시점(timing)이 중요하다.

남성과 여성 모두 환경호르몬에 가장 취약한 시기는 태아기다. 여성이 환경호르몬에 가장 취약·민감한 시기는 신체나 세포 발달이 빠르게 일어나는 태아기·사춘기·임신 중일 때다. 여성이 이 시기에 환경호르몬에 노출되면 신체 부담이 훨씬 가중된다. 예로, 자궁근종이 생기거나 커질 수 있다. 여성이 태아기에 환경호르몬인 DES에 노출되면 여성호르몬에 대한 민감도를 결정하는 유전자가 변형돼 자궁근종 증상이 더 심해질 수 있다. 요컨대 환경호르몬은 낮은 농도라 해서 안전한 것이 아니다. 매우 낮은 농도의 비스페놀 A를 투여해도 암컷 쥐에서 기형 생쥐의 출산율이 높아지는 등의 연구 결과가 이를 뒷받침하고 있다.

환경호르몬 노출과 관련해 고려해야 할 것이 하나 더 있다. 칵테일 효과다. 칵테일 효과란 안전하다고 생각되는 물질 A와 물질

B가 섞인 뒤 서로 반응해 부작용 또는 독성을 나타내는 것이다. 안전하다고 알려진 수많은 화합물질이 서로 반응해 사람과 환경에 어떤 영향을 미칠지에 대해선 개별 화학물질보다도 연구되고 증명된 사실이 훨씬 부족하다.

일반적으로 환경오염과 유해물질의 피해는 태아·어린이·임산부·노인 등 생물학적·사회적 약자에 집중된다. 미세먼지나 초미세먼지에 더 큰 영향을 받는 연령대도 노인과 어린이다. 가습기살균제 사고에서 드러난 취약계층도 임산부와 아이였다.

환경호르몬 이슈는 절대 가볍게 넘길 수 있는 문제가 아니다. 환경호르몬 오염 탓에 어느 날 갑자기 아기 울음소리가 들리지 않는 세상이 악몽처럼 다가올지도 모른다. 인류의 멸종을 막기 위해서 환경호르몬에 대한 정확한 인식과 이해, 그에 따른 정확한 대처가 중요하며 빠른 시일 내에 대책이 가동돼야 한다.

실생활에서 환경호르몬 노출을 완전히 차단하는 것은 현실적으로 불가능에 가깝다. 환경호르몬이 의식주 모든 부분에서 영향을 미칠 수 있다는 사실을 인식하고 노출을 최소화하려는 노력이 필요하다.

환경호르몬의 생산과 처리에 대한 규제, 친환경 산업과 연구 장려 등 국가·사회적인 노력도 필수적이다. 환경호르몬 노출을 줄이기 위한 개인의 대처엔 분명히 한계가 존재한다. 화학물질의 광범위한 사용은 현대 문명의 숙명이나 다름없기 때문이다. 이에 따라 환경호르몬은 이미 우리 삶 도처에 존재한다. 정부 주도의 사회적인 해결 방안이 함께 마련돼야 하는 이유다.

정부는 먼저 환경호르몬을 선별하는 작업을 시작해야 한다. 환경호르몬 노출을 줄이기 위해선 적어도 어떤 물질이 환경호르몬이며, 어떻게 작용하고 있으며, 다른 화합물과의 혼합을 통해 어떤 현상을 일으키는지에 대해 정확하게 아는 것이 중요하다.

이런 연구는 아직 많이 부족한 상태다. 환경호르몬에 대한 연구는 이윤을 추구하거나 학문적인 연구가 아니라 공공성이 뚜렷한 분야다. 세상에 존재하는 화합물의 수가 너무 많기 때문에 환경호르몬에 대한 연구 프로젝트는 개인이나 작은 연구소에서 감당할 수 있는 일이 아니다. 플라스틱이나 비스페놀 A 등 합성물질을 생산하는 기업 등 이익단체의 압력도 이런 연구를 방해하는 요인이다.

이런 어려움을 극복하기 위해서 국가나 범국가적 단체가 앞장서서 환경호르몬의 정체를 확인하는 연구를 주도해야 한다. 환경호르몬의 노출을 최소화하기 위한 예방법의 교육과 홍보가 시급하다.